DEUTSCHE AKADEMIE DER WISSENSCHAFTEN ZU BERLIN

Veröffentlichungen der Sternwarte in Sonneberg

Band 3

Heft 1

C. HOFFMEISTER

Bearbeitung des Lichtwechsels von 75 kurzperiodischen veränderlichen Sternen zwischen 25° und 90° südlicher Deklination

(Ergebnisse der Beobachtungen in Südwestafrika 1952—53; Erste Mitteilung)

Akademie-Verlag GmbH · Berlin 1956

C. Hoffmeister

Bearbeitung des Lichtwechsels von 75 kurzperiodischen veränderlichen Sternen zwischen 25° und 90° südlicher Deklination

Veröffentlichungen der Sternwarte in Sonneberg · Band 3, Nr. 1

DEUTSCHE AKADEMIE DER WISSENSCHAFTEN ZU BERLIN

Veröffentlichungen der Sternwarte in Sonneberg

Band 3

Heft 1

C. HOFFMEISTER

Bearbeitung des Lichtwechsels von 75 kurzperiodischen veränderlichen Sternen zwischen 25° und 90° südlicher Deklination

(Ergebnisse der Beobachtungen in Südwestafrika 1952—53; Erste Mitteilung)

Akademie-Verlag GmbH · Berlin 1956

Erschienen im Akademie-Verlag GmbH., Berlin W 8, Mohrenstraße 39
Lizenz-Nr. 202 · 100/500/55
Gesamtherstellung: Druckerei „Thomas Müntzer" Langensalza
Bestell- und Verlagsnummer: 2006/111/1
Preis: DM 11,—
Printed in Germany

Es war meine Absicht gewesen, auf der Forschungsreise nach Südwestafrika 1952—53 einige südliche Veränderliche visuell zu beobachten und zwar solche Sterne, die dem RW Aurigae-Typus nahestehen und in meiner Arbeit „Die RW Aurigae-Sterne und ihre Nebenformen"[1]) behandelt worden waren. Das ausgezeichnete Klima von Südwestafrika und die Länge der subtropischen Nächte boten eine äußerst günstige Gelegenheit, das Verhalten einzelner Vertreter dieser noch wenig erforschten Gruppe so gründlich zu untersuchen, wie es in einem wolkenreichen Klima nie möglich ist. Zu diesem Zweck war die Expedition mit einem Fernrohr von 130 mm Objektivdurchmesser und 1160 mm Brennweite ausgestattet. Der glückliche Umstand, daß wir, im Gegensatz zu den Verhältnissen unserer ersten Afrikareise 1937—38, keinen eigenen Haushalt zu führen hatten, vielmehr in die Farmhaushalte unserer Gastgeber aufgenommen waren, und daß daher meine Frau ADELHEID HOFFMEISTER die Führung der photographischen Aufnahmen jeweils während des größeren Teils der Nacht übernehmen konnte, ermöglichte eine sehr erhebliche Erweiterung des Programms visueller Beobachtungen. Das Endziel dieser Arbeit wurde schließlich darin gesehen, alle in meinen beiden, auf Grund der photographischen Aufnahmen von 1937—38 erarbeiteten Listen neuer Veränderlicher[2]) [3]) als kurzperiodisch bezeichneten und dem 130 mm-Fernrohr gut erreichbaren Sterne visuell zu beobachten, in der Absicht, erstens die Bestimmung der Elemente des Lichtwechsels zu ermöglichen, was bei raschwechselnden Sternen mittels des photographischen Materials allein nur selten gelingt, zweitens etwaige raschwechselnd-unperiodische Sterne auszusondern. Beide Ziele sind erreicht worden.

Insgesamt wurden von 96 Sternen 22416 Beobachtungen erlangt. Kein Stern erwies sich als unveränderlich; auch die bei der Entdeckung als zweifelhaft wegen sehr kleiner Amplitude bezeichneten Fälle wurden bestätigt. Als kurzperiodisch verblieben 75 Sterne, die in dieser Arbeit behandelt sind; auf sie entfallen 18224 Beobachtungen. Die hier nicht einbezogenen Sterne sind neben den RW Aurigae-Sternen, die von Anbeginn auf dem Programm standen, einige Fälle von raschem unperiodischem Lichtwechsel und einige Objekte, die mitbeobachtet wurden, weil sie in der Nähe von Programmsternen stehen, ferner solche, die bei der Entdeckung als möglicherweise RW Aurigae-ähnlich bezeichnet waren, sich dann aber als langsam veränderlich erwiesen haben. Alle diese Sterne sollen später bearbeitet werden.

Die Beobachtungen geschahen nach der Argelanderschen Methode. Da das Programm erst allmählich aufgebaut werden mußte, ist die Anzahl der Beobachtungen und die Länge des überdeckten Zeitabschnitts sehr verschieden. Im günstigsten Falle reicht dieser von der ersten Augusthälfte 1952 bis Mitte Juli 1953. Einige Sterne wurden jedoch erst gegen das Ende dieser Zeit auf das Programm gesetzt. Falls eine hinreichende Anzahl visueller Beobachtungen über genügend lange Zeit zur Verfügung stand, sind nur diese benutzt, da die daraus abgeleiteten Epochen

---

1) Astr. Nachr. 278.24; 1949.

2) Astr. Nachr. 273.88; 1943.

3) Astr. Abh. Erg. AN 12,1. A 23; 1949.

viel genauer sind als die aus einzelnen photographischen Aufnahmen erhaltenen. Wo diese Voraussetzung nicht erfüllt war, wurden photographisch beobachtete Epochen herangezogen. Die Überbrückung der die beiden photographischen Reihen trennenden Zwischenzeit von 15 Jahren wurde nur in einigen wenigen Fällen erreicht und im allgemeinen auch nicht versucht. Infolge der Dichte der Beobachtungsreihen und der daraus folgenden Sicherheit der Epochen konnte aber doch bei der Mehrzahl der Sterne eine befriedigende Genauigkeit der Periodenbestimmung erreicht werden.

Unerwartet ist die große Anzahl von Sternen mit sehr raschem Lichtwechsel, insbesondere von Bedeckungssternen der β Lyrae- und W Ursae majoris-Art mit sehr kleinen Amplituden. Unter 24 Sternen dieser Gruppe sind 17 mit Amplituden $< 0^m.5$.

Besonders überraschend war die Häufigkeit gestörter Lichtkurven. Bei RR Lyrae-Sternen wurden 4 neue Fälle des Blazko-Effekts gefunden neben einer ganzen Reihe von Fällen unregelmäßiger Abweichungen vom normalen Verlauf der Lichtkurve, ferner eine bisher noch nicht beschriebene Art der Störung, gekennzeichnet durch rasche Änderungen vom einen zum anderen Zyklus über den ganzen Kurvenverlauf. Prototyp ist Z Microscopii. Vielleicht handelt es sich dabei um eine abgeschwächte Form der von AC Andromedae und AI Velorum bekannten Erscheinungen. Es ist zweifelhaft, ob es überhaupt RR Lyrae-Sterne mit ganz ungestörtem Lichtwechsel gibt. Wider Erwarten wurden aber auch bei etwa der Hälfte der raschwechselnden Bedeckungssterne Störungen der Lichtkurven gefunden, während andererseits hier nicht wenige Kurven ohne Zweifel ungestört sind und nur die aus der normalen Ungenauigkeit entspringende Streuung der Beobachtungen zeigen. Obgleich die Beobachtungen nicht speziell für derartige Einzeluntersuchungen bestimmt waren, wurde diesen Erscheinungen bei der Bearbeitung besondere Aufmerksamkeit geschenkt und bei den meisten Sternen der Befund am Ende des Textes mitgeteilt. Selbstverständlich ist berücksichtigt, daß abnorme Streuung der Beobachtungen auch durch andere Umstände verursacht sein kann, wie Lichtschwäche des Veränderlichen, nahe Begleiter und Ungunst der Vergleichsterne. In einigen Fällen hatte ich die Unregelmäßigkeiten schon bei den Beobachtungen bemerkt und solche Sterne etwas bevorzugt; dies gilt z. B. von Z Mic, S 4975 Cen und S 4981 Cen. Eine spezielle Darstellung der Erfahrungen über Kurvenänderungen ist gleichzeitig für die Astronomischen Nachrichten verfaßt worden.

Von einigen sternreichen Feldern liegen Aufnahmen durch Blau- und Gelbfilter vor, die in mehreren Fällen von großem Nutzen waren. Die Größen der Vergleichsterne hat Herr HANS HUTH durch Vergleichung mit Sternen der Selected Areas bestimmt, doch verursachte die Übertragung auf das System der visuellen Größen einige Unsicherheit. Bei der Vorbereitung des Beobachtungsmaterials hat Frau KÄTHE RIESEBERG wesentliche Hilfe geleistet.

Verzeichnis der Sterne und Übersicht der Ergebnisse

Nr.	Name	1875.0 α	δ	Art	Ph	Epoche 24.....	Periode	Max.	Min.
1	S 4793 Tuc	0h44m45s	−63°18′.8	RR	M	34273.232	0d.414363	12m.0	13m.0
2	S 4794 Tuc	0 50 5	−67 23.1	RR	M	34273.370	0.602482	11.3	12.2
3	S 4798 Tuc	1 14 26	−68 34.4	RR	M	34275.611	0.405689	11.6	11.9
4	S 4808 Eri	2 47 13	−48 18.5	RR	M	34343.507	0.311349	12.5	12.9
5	S 4811 For	2 56 18	−38 36.9	RR	M	34343.590	0.803828	11.3	12.0
6	S 4816 Ret	3 23 33	−65 28.9	RR	M	34334.611	0.492011	10.4	11.7
7	S 4817 For	3 25 33	−36 28.8	RR	M	34243.483	0.605417	11.2	11.7
8	S 4818 Ret	3 26 39	−65 23.8	W	m	34419.462	0.52274	13.0	13.4
9	S 4832 Hor	4 10 30	−46 45.7	W	m	34243.382	0.3116392	11.4	12.1
10	S 4842 Cae	4 48 55	−38 1.5	RR	M	34314.590	0.419794	11.6	13.1
11	S 4843 Cae	4 57 26	−39 18.3	RR	M	34322.315	0.570794	11.9	13.1
12	S 4846 Col	5 11 10	−41 46.3	RR	M	34310.565	0.478875	10.3	11.4
13	S 4848 Col	5 15 30	−36 1.9	β	m	34326.282	0.565231	11.0	11.5
14	S 4875 Pup	7 12 28	−39 41.1	W	m	34386.642	0.412209	11.9	12.3
15	S 4876 Pup	7 13 16	−39 54.2	W	m	34398.437	0.320274	11.7	12.2
16	S 4879 Pup	7 16 59	−46 28.4	RR	M	34338.410	0.390751	11.5	12.6
17	S 4884 Pup	7 30 19	−49 51.1	W	m	34344.548	0.432651	10.7	11.0
18	S 4892 Pup	8 6 17	−33 8.2	δ	M	34357.14	3.48317	10.7	11.3
19	S 4911 Pyx	9 3 29	−33 39.8	β	m	34424.306	0.646765	12.1	12.5
20	S 4925 Ant	10 1 2	−38 16.3	W	m	34419.518	0.445854	11.6	12.0
21	S 4940 Vel	10 40 29	−43 19.7	RR	M	34398.626	0.475734	11.9	13.1
22	S 4946 Hya	10 58 22	−32 46.0	β	m	34478.279	0.509603	12.2	12.45
23	S 4956 Mus	11 58 25	−72 10.5	β	m	34401.501	0.798168	10.1	10.5
24	S 3287 Cru	12 36 6	−57 47.8	A	m	34421.565	3.25737	10.6	12.3
25	S 3289 Cen	12 43 43	−37 35.4	RR	M	34240.225	0.780149	13.1	14.2
26	S 4968 Hya	13 21 3	−26 26.7	RR	M	34242.292	0.417356	11.9	12.9
27	S 4974 Cen	13 32 54	−36 48.3	RR	M	34399.620	0.437670	11.6	12.5
28	S 4975 Cen	13 37 30	−45 31.9	β	m	34485.509	0.508864	11.3	11.65
29	S 4978 Hya	13 46 30	−28 57.5	RR	M	34238.326	0.636700	11.3	12.2
30	S 4980 Cen	13 54 48	−48 4.5	β	m	34421.603	0.932792	9.5	9.7
31	S 4981 Cen	13 56 0	−35 48.0	RR	M	34432.590	0.493919	11.0	11.9
32	S 4990 Cen	14 17 24	−34 5.3	δ	M	34481.80	4.6384	11.6	12.2
33	S 4995 Cen	14 30 2	−38 18.0	W	m	34425.555	0.292397	11.9	12.6
34	S 4998 Cen	14 34 40	−39 55.2	W	m	34421.488	0.325067	11.55	11.7
35	S 4999 Cen	14 43 34	−37 9.7	β	m	34479.355	1.301858	10.5	10.9
36	VX Aps	14 44 34	−74 51.4	RR	M	34239.361	0.484578	11.5	12.6
37	S 5007 Nor	15 3 34	−54 16.8	δ	M	34234.3	8.2317	9.9	10.4
38	S 5011 Lup	15 11 5	−51 26.1	A	m	28367.23	3.351765	10.6	12.0
39	SX Lup	15 33 56	−43 14.9	β	m	34270.290	0.6858441	11.5	12.6
40	S 5019 TrA	16 0 18	−69 38.4	β	m	34489.397	0.545442	10.8	11.2
41	S 5020 Oct	16 3 8	−83 35.9	RR	M	34328.396	0.542625	9.8	10.7
42	S 5021 TrA	16 5 30	−69 25.1	A	m	34239.430	3.83301	11.3	13.6
43	RT TrA	16 23 4	−62 52.0	δ	M	34233.45	1.94610	9.4	10.0
44	S 5025 Ara	16 35 42	−51 5.9	δ	M	34267.9	20.8090	9.8	11.1
45	117.1907 Ara	16 46 2	−63 0.3	δ	M	34237.6	11.95	10.9	11.3
46	S 5051 CrA	18 36 40	−38 41.7	A	m	34338.32	4.8370	10.7	11.3
47	S 3304 Pav	18 38 28	−60 10.2	A	m	34268.442	2.52694	10.7	11.3
48	S 5053 CrA	18 39 27	−37 52.2	RR	M	34322.225	0.589324	10.4	11.1

Nr.	Name	1875.0 α	δ	Art	Ph	Epoche 24.....	Periode	Max.	Min.
49	S 5056 Tel	$18^h46^m17^s$	$-48°14'.5$	β	m	34247.460	$0^d.446100$	$11^m.5$	$12^m.7$
50	S 5076 Tel	19 27 18	−51 3.7	RR	M	34236.440	0.455364	12.1	13.4
51	S 5086 Sgr	19 37 11	−41 14.2	W	m	34482.428	0.679456	11.8	12.1
52	S 3311 Sgr	19 38 7	−40 45.2	RR	M	34238.388	0.625566	11.6	12.3
53	S 5088 Pav	19 40 44	−63 59.2	RR	M	34236.393	0.468445	10.7	11.8
54	S 5098 Sgr	20 1 30	−29 55.0	RR	M	34235.360	0.639280	11.6	12.4
55	S 5105 Sgr	20 12 19	−41 30.4	RR	M	34234.365	0.552838	11.5	12.1
56	S 5108 Sgr	20 15 18	−31 41.0	RR	M	34324.391	0.544443	11.4	12.3
57	S 5110 Ind	20 26 29	−48 44.3	W	m	34274.407	0.401888	11.3	11.7
58	S 5118 Mic	20 41 57	−42 40.7	A	m	34362.42	3.983051	11.0	11.8
59	S 5119 Ind	20 46 11	−46 12.1	β	m	34267.489	0.986323	9.3	9.7
60	Z Mic	21 8 51	−30 48.2	RR	M	34238.389	0.586934	11.2	11.9
61	S 5125 Gru	21 26 13	−49 41.4	RR	M	34323.325	0.266499	11.7	12.8
62	S 5126 Oct	21 28 10	−81 7.7	RR	M	34337.409	0.444490	12.3	13.0
63	S 5127 Gru	21 30 0	−45 14.5	RR	M	34385.582	0.552532	12.0	12.7
64	S 5130 Gru	21 34 51	−48 45.3	RR	M	34325.294	0.1470124	8.6	9.0
65	S 5133 Gru	21 43 57	−46 33.8	RR	M	34324.312	0.512208	11.5	12.9
66	S 3322 PsA	22 2 40	−27 40.7	W	m	34328.452	0.360453	11.3	11.8
67	S 5140 Gru	22 19 44	−37 49.4	A	m	34546.648	1.89664	11.3	11.7
68	S 5146 Gru	22 31 55	−47 31.4	W	m	34356.434	0.2595186	11.1	11.5
69	S 5148 Gru	22 34 45	−44 48.6	RR	M	34360.388	0.550273	11.6	12.6
70	S 5154 Gru	22 51 9	−42 29.7	β	m	34357.410	0.743128	10.5	10.8
71	S 5158 Gru	23 12 34	−40 58.9	A	m	34275.281	2.01063	11.7	12.3
72	S 5159 Scl	23 16 6	−30 48.3	RR	M	34268.588	0.4491051	11.5	13.1
73	S 5162 Tuc	23 23 18	−59 6.9	A	m	34305.650	5.46093	10.2	11.4
74	S 5165 Tuc	23 31 10	−60 7.9	A	m	34307.380	1.265829	11.5	13.1
75	S 5167 Tuc	23 57 43	−60 10.8	RR	M	34326.304	0.2497885	11.9	12.3

Synonyma und Benennungen

Bezeichnung	Synonym	Benennung
S 3287 Cru	27.1942	AN Cru
S 3289 Cru	29.1942	V 494 Cen
S 5011 Lup	—	FK Lup
S 5021 TrA	—	EH TrA
S 3304 Pav	44.1942	BI Pav
S 3311 Sgr	51.1942	V 796 Sgr
S 3322 PsA	62.1942	RW PsA
S 5165 Tuc	—	AC Tuc

S 4793 Tuc RR Lyrae-Stern; $12^m.0$—$13^m.0$

$M = 243\,4273.232 + 0.414363 \cdot E$

$M - m = 0^d.065$ Typus RRa

Max.	E	B–R
243 4273.260	0	+0.028
4274.465	3	−0.010
4275.308	5	+0.004
4276.550	8	+0.003
4279.448	15	+0.001
4281.514	20	−0.005
4296.444	56	+0.008
4297.282	58	+0.017
4298.506	61	−0.002
4304.282	75	−0.027
4305.554	78	+0.002
4310.530	90	+0.005
4312.607	95	+0.011
4321.279	116	−0.019
4323.370	121	0.000
4328.357	133	+0.015
4334.563	148	+0.005
4335.385	150	−0.001
4337.455	155	−0.003
4388.422	278	−0.003

Der Lichtwechsel zeigt nur geringe Unregelmäßigkeiten.

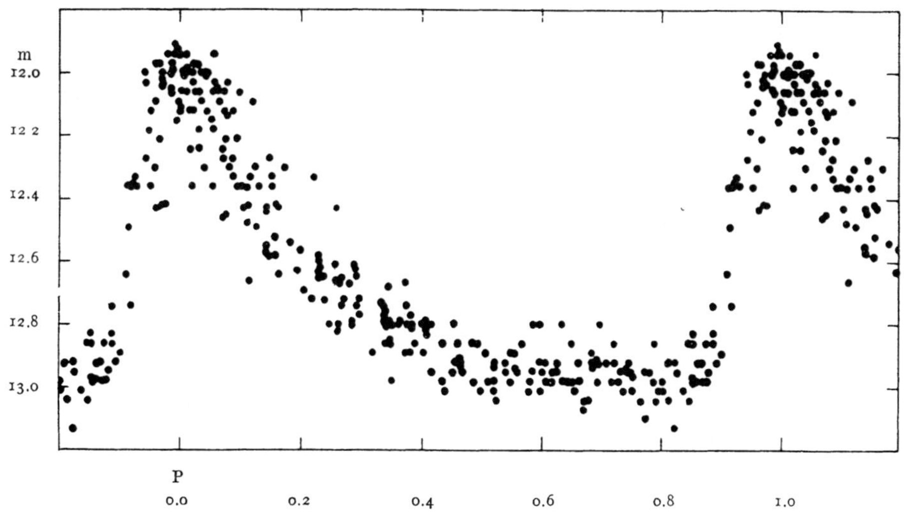

S 4793 Tuc

S 4794 Tuc RR Lyrae-Stern; $11^m.3$—$12^m.2$

$M = 243\,4273.370 + 0.602482 \cdot E$

$M - m = 0^d.075$ Typus RRa

Max.	E	$B-R$
243 4273.365	0	−0.005
4274.582	2	+0.007
4276.375	5	−0.007
4279.393	10	−0.002
4280.600	12	0.000
4296.290	38	+0.026
4297.470	40	+0.001
4302.280	48	−0.009
4305.302	53	0.000
4306.521	55	+0.014
4312.540	65	+0.009
4323.360	83	−0.016
4326.385	88	−0.003
4335.433	103	+0.007
4359.515	143	−0.010
4388.447	191	+0.003

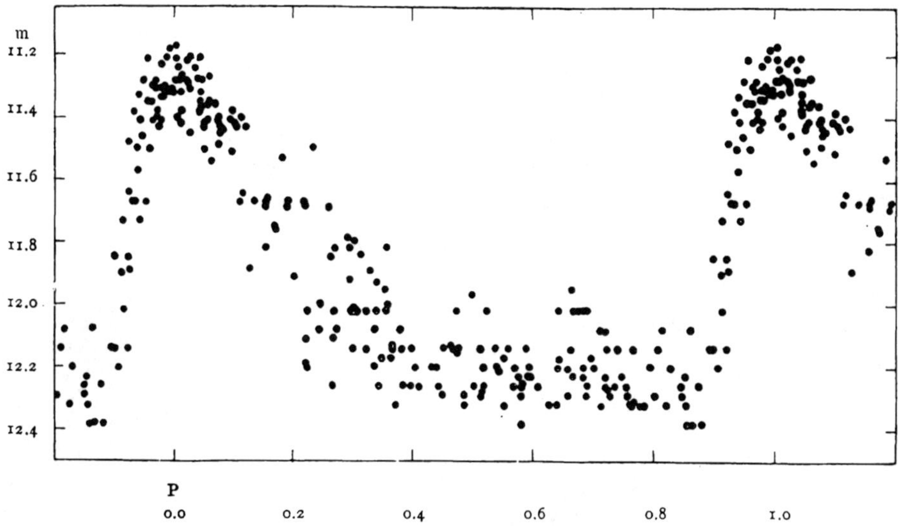

S 4794 Tuc

Die Streuung der Beobachtungen überschreitet im Maximum und, mit Rücksicht auf die geringe Helligkeit, auch im Minimum kaum das übliche Maß, ist jedoch im absteigenden Ast abnorm groß.

S 4798 Tuc RR Lyrae-Stern; $11^{m}.6 - 11^{m}.9$

$$\left.\begin{aligned} m &= 243\ 4275.425 \\ M &= 243\ 4275.611 \end{aligned}\right\} + 0.405689 \cdot E$$

$M - m = 0^{d}.170$[1] Typus RRc

[1]) $0^{d}.186$ nach den Elementen, $0^{d}.165$ nach der Lichtkurve, angenommen $0^{d}.170$

Min.	E	$B-R$
243 4275.452	0	+0.027
4276.252	2	+0.016
4279.464	10	−0.018
4281.500	15	−0.010
4295.311	49	+0.007
4297.346	54	+0.014
4302.626	67	+0.020
4303.390	69	−0.028
4305.419	74	−0.027
4313.560	94	0.000
4315.617	99	+0.029
4321.270	113	+0.002
4323.290	118	−0.006
4325.323	123	−0.002
4327.340	128	−0.013
4329.365	133	−0.017
4331.375	138	−0.035
4337.490	153	−0.005
4545.596	666	−0.018
4547.656	671	+0.014
4549.704	676	+0.033
4551.674	681	−0.025

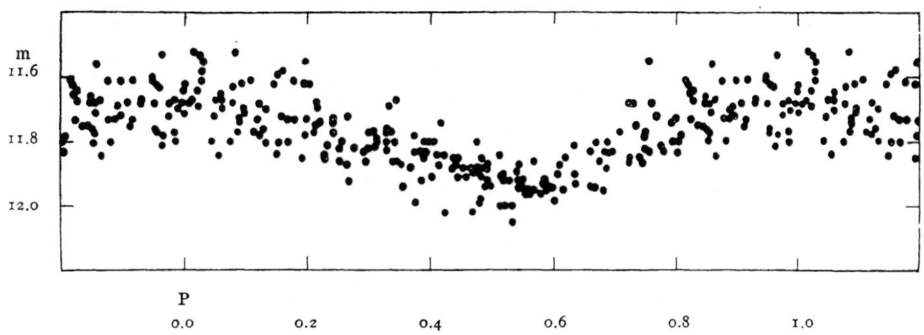

S 4798 Tuc

Der Veränderliche wurde zuerst als W UMa-Stern behandelt mit Verwendung der Minima zur Bestimmung der Periode. Dies erwies sich als vorteilhaft, da auch nach der endgültigen Kurve die Minima besser markiert sind als die sehr flachen Maxima. Indessen scheint der Aufstieg doch steiler zu sein als der Abstieg, weshalb der Veränderliche als RRc-Stern angesehen wurde. Die Streuung der Beobachtungen ist für den ziemlich schwachen Stern normal; auffällig ist immerhin, daß sie im Maximum größer ist als im Minimum.

S 4808 Eri   RR Lyrae-Stern; $12^{m}.5$—$12^{m}.9$

$M = 243\,4343.507 + 0.311349 \cdot E$

$M - m = 0^{d}.13$ Typus RRc

Max.	E	$B-R$
243 4343.515	0	+0.008
4354.404	35	0.000
4355.320	38	−0.018
4356.288	41	+0.016
4362.527	61	+0.028
4363.425	64	−0.008
4365.280	70	−0.021
4365.625	71	+0.012
4368.400	80	−0.015
4388.356	144	+0.015
4400.460	183	−0.024
4416.363	234	0.000
4418.275	240	+0.044
4419.460	244	−0.016
4420.405	247	−0.005
4421.363	250	+0.019
4479.253	436	−0.002
4567.663	720	−0.015
4568.618	723	+0.006

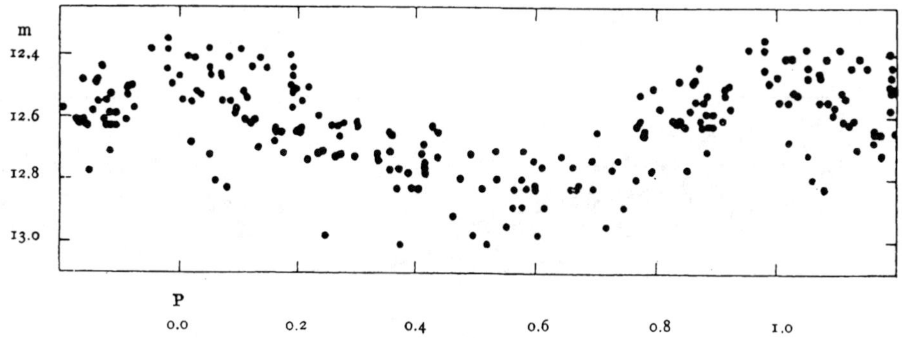

S 4808 Eri

Es handelt sich um einen schwachen Stern mit ungünstigen Vergleichsternen. Herausfallende Beobachtungen sind daher kein Hinweis auf Unregelmäßigkeiten.

S 4811 For RR Lyrae-Stern; $11^{m}_{.}3$—$12^{m}_{.}0$

$M = 243\,4343.590 + 0.803828 \cdot E$

$M - m = 0^{d}_{.}18$ Typus RRb

Max.		E	$B-R$
243 4266.455	ph	−96	+0.032
4274.483	ph	−86	+0.022
4303.435	ph	−50	+0.036
4343.575	vis	0	−0.015
4356.440	vis	16	−0.011
4357.295	vis	17	+0.040

Max.	E	B–R
243 4361.309 ph	22	+0.035
4364.395 ph	26	–0.095
4364.478 vis	26	–0.012
4365.330 vis	27	+0.037
4368.575 vis	31	+0.066
4372.540 vis	36	+0.012
4388.550 vis	56	–0.054
4397.425 vis	67	–0.021
4401.500 vis	72	+0.034
4414.346 vis	88	+0.019
4418.316 vis	93	–0.030
4422.320 vis	98	–0.045
4480.235 vis	170	–0.006
4548.645 ph	255	+0.079
4572.603 ph	285	–0.078

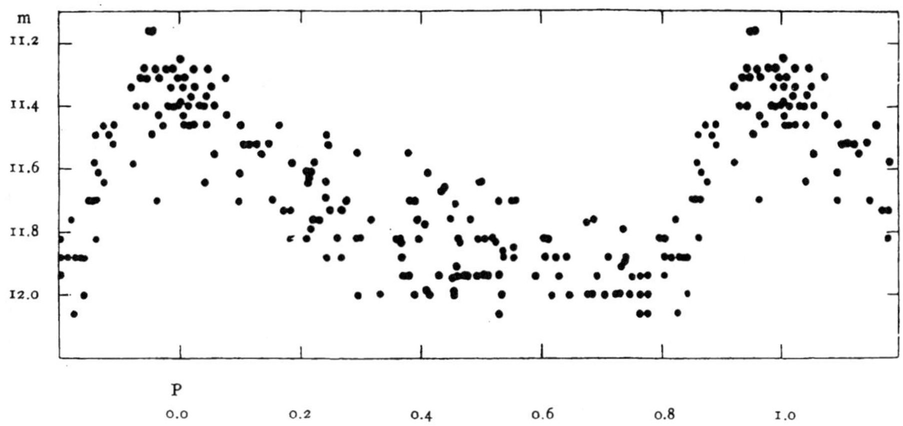

S 4811 For

Die Lichtkurve ist nicht konstant, doch ließ sich keine Periodizität erkennen.

S 4816 Ret RR Lyrae-Stern; $10^m.4$—$11^m.7$

$M = 243\,4334.611 + 0.492011 \cdot E$

Lichtkurve veränderlich, $M - m = 0^d.062$ (steile Form), $0^d.090$ (flache Form)

Typus RRa

Max.	E	B–R
243 4334.620	0	+0.009
4335.580	2	–0.015
4336.600	4	+0.021
4337.540	6	–0.023
4338.555	8	–0.008
4342.505	16	+0.022

Max.	*E*	*B–R*
243 4352.325	36	+0.002
4354.298	40	+0.007
4365.610	63	+0.002
4368.553	69	–0.007
4372.507	77	+0.011
4399.563	132	+0.007
4400.534	134	–0.006
4401.521	136	–0.003
4412.333	158	–0.016
4414.333	162	+0.016
4415.290	164	–0.011
4416.275	166	–0.010
4474.340	284	–0.002
4475.295	286	–0.031
4547.650	433	–0.002
4548.638	435	+0.002
4549.620	437	0.000
4550.612	439	+0.008
4551.596	441	+0.008

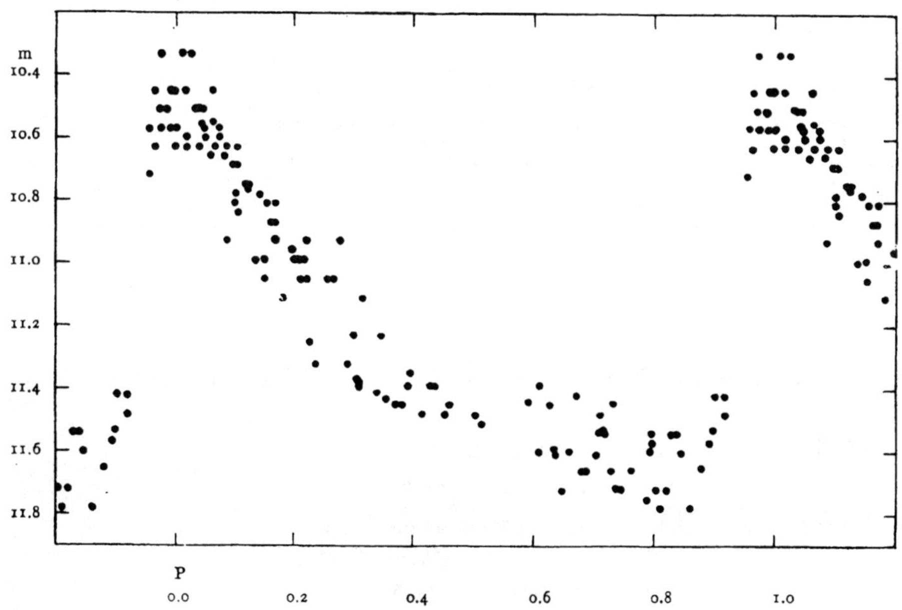

S 4816 Ret Steile Form

Flache und steile Form der Lichtkurve wechseln wahrscheinlich periodisch, doch ist die Erkennung erschwert, da die Periode des Lichtwechsels nahe bei $0^{d}.5$ liegt und die Maxima daher jeweils über einige Zeit nicht zu beobachten sind. Die flache Form wurde beobachtet bei 243 4340 und 4477, die steile Form bei 4368 und 4548. Die Periode der Veränderungen der Lichtkurve ist daher möglicherweise 45^{d}, jedenfalls nicht kürzer. Die Höhe der Maxima wechselt etwa zwischen $10^{\mathrm{m}}.35$ und $10^{\mathrm{m}}.75$; die Minima werden von dem Wechsel kaum berührt.

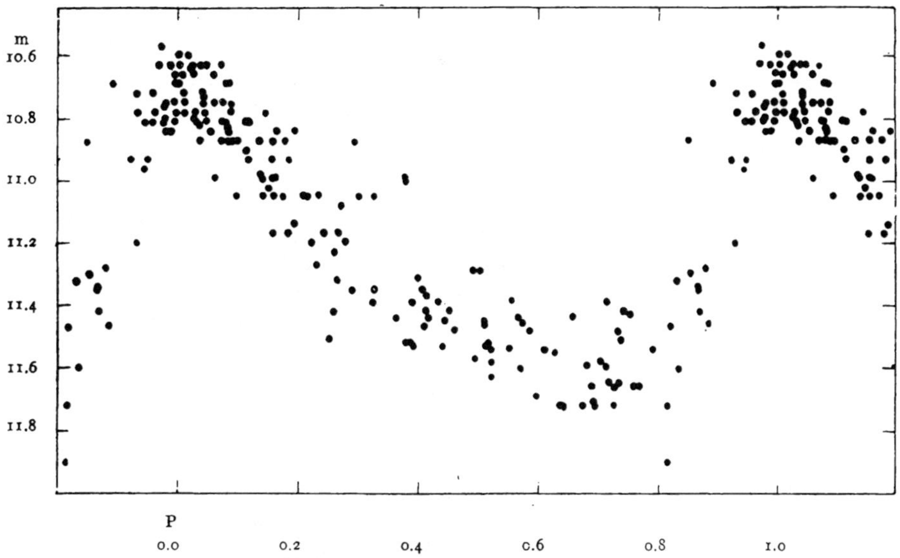

S 4816 Ret Flache Form

S 4817 For RR Lyrae-Stern; $11^{\mathrm{m}}.2$—$11^{\mathrm{m}}.7$

$M = 243\,4243.483 + 0.605417 \cdot E$

$M - m = 0^{\mathrm{d}}.12$ Typus RRa

Max.	E	$B-R$
243 4243.536 ph	0	+0.053
4249.614 ph	10	+0.077
4252.534 ph	15	−0.030
4266.455 ph	38	−0.034
4272.534 ph	48	−0.009
4303.435 ph	99	+0.016
4337.335 vis	155	+0.012
4344.585 vis	167	−0.003
4354.285 vis	183	+0.011
4357.290 vis	188	−0.011
4360.320 vis	193	−0.008
4360.323 ph	193	−0.005
4361.540 vis	195	+0.001
4363.309 ph	198	−0.047
4364.585 vis	200	+0.019
4366.353 ph	203	−0.030
4395.450 vis	251	+0.007
4412.385 vis	279	−0.009
4420.290 vis	292	+0.025
4421.470 vis	294	−0.006

Max.	E	$B–R$
243 4548.659 vis	504	+0.046
4571.603 ph	542	−0.016
4571.644 vis	542	+0.025

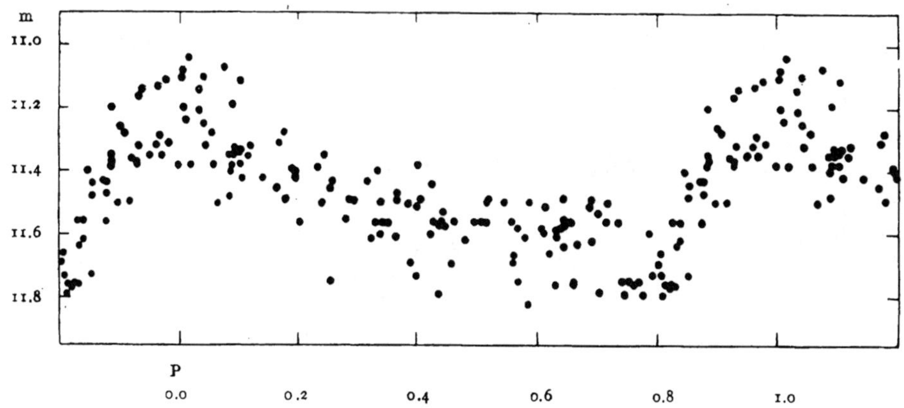

S 4817 For

Die relativ kleine Amplitude und die flache Form der Maxima bedingen eine größere Unsicherheit der Epochen als sonst bei RRa-Sternen. Alle photographischen und die letzten beiden visuellen Epochen sind solche von Einzelbeobachtungen.

S 4818 Ret W Ursae majoris-Art; $13\overset{\mathrm{m}}{.}0$—$13\overset{\mathrm{m}}{.}4$
$m_1 = 243\,4419.462 + 0.52274 \cdot E$

Min.	$2E$	$B–R$
243 4419.450	0	−0.012
4474.320	210	−0.030
4479.320	229	+0.004
4480.365	233	+0.004
4483.230	244	−0.006
4500.245	309	+0.020
4538.600	456	−0.047
4544.600	479	−0.058
4548.580	494	+0.001
4549.605	498	−0.019
4550.615	502	−0.055
4565.565	559	−0.003
4566.610	563	−0.003
4567.665	567	+0.006
4571.610	582	+0.031
4572.650	586	+0.025

Die Beobachtungen sind dürftig, die Minima flach und meist unsicher bestimmt. Der Stern ist zu schwach für das 130 mm-Fernrohr. Trotzdem dürfte die Art des Lichtwechsels richtig beschrieben sein.

S 4832 Hor W Ursae majoris-Art; $11^{m}.4$—$12^{m}.1$

$m_1 = 243\,4243.382 + 0.3116392 \cdot E$

$A_1 = 0^{m}.7 \quad A_2 = 0^{m}.6$

Min.	$2E$	$B-R$
243 4243.536 ph	1	−0.002
4268.455 ph	161	−0.014
4281.558 ph	245	0.000
4295.441 ph	334	+0.015
4305.392 ph	398	−0.006
4326.424 ph	533	−0.010
4331.426 ph	565	+0.006
4352.301 ph	699	+0.001
4361.351 ph	757	+0.013
4363.353 ph	770	−0.010
4365.412 ph	783	+0.023
4395.465 vis	976	+0.003
4398.432 vis	995	+0.009
4398.562 vis	996	−0.017
4399.517 vis	1002	+0.004
4400.465 vis	1008	+0.017
4401.545 vis	1015	+0.006
4418.369 vis	1123	+0.001
4419.291 vis	1129	−0.012
4419.460 vis	1130	+0.002
4420.395 vis	1136	+0.002
4421.325 vis	1142	−0.003
4423.345 vis	1155	−0.009
4424.278 vis	1161	−0.011
4431.294 vis	1206	−0.007
4470.257 vis	1456	+0.001
4474.303 vis	1482	−0.004

Fortsetzung der Tabelle nächste Seite

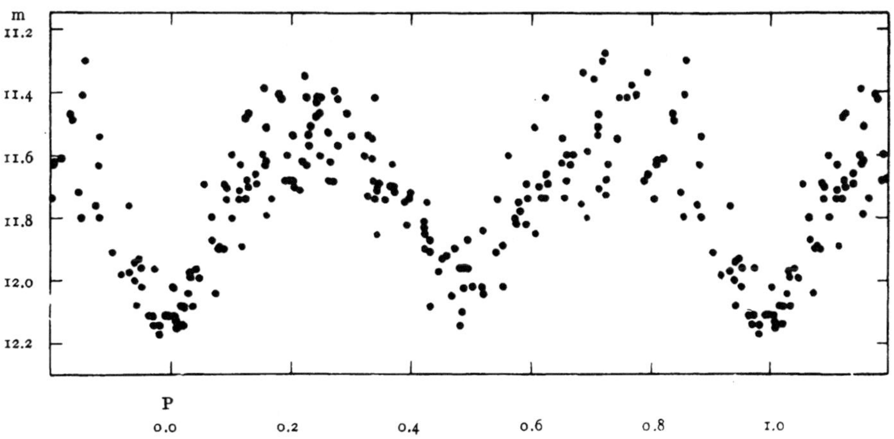

S 4832 Hor

Min.	2E	B–R
243 4475.240 vis	1488	−0.002
4476.327 vis	1495	−0.005
4481.311 vis	1527	−0.008
4482.262 vis	1533	+0.008
4499.236 vis	1642	−0.002
4504.233 vis	1674	+0.009
4548.634 vis	1959	+0.001
4550.656 vis	1972	−0.002
4565.612 vis	2068	−0.005
4566.565 vis	2074	+0.013
4567.638 vis	2081	−0.005
4569.671 vis	2094	+0.003
4570.604 vis	2100	+0.001
4572.625 vis	2113	−0.004

Die Streuung der Beobachtungen in den Minima ist normal; in den Maxima, besonders bei M_2, übersteigt sie bei weitem das durch die Ungenauigkeit der Beobachtungen gegebene Maß.

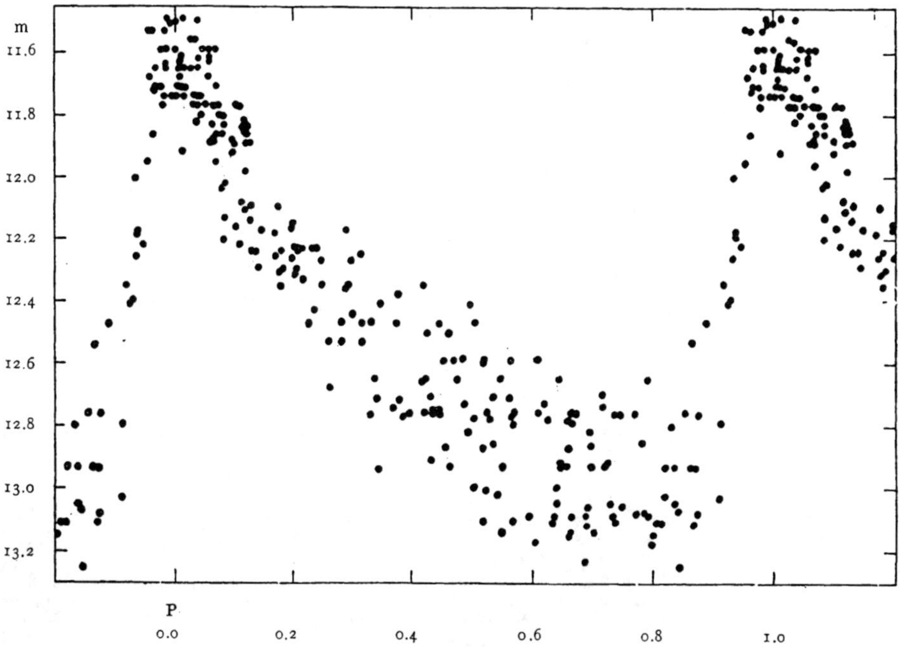

S 4842 Cae

S 4842 Cae RR Lyrae-Stern; 11^m6—13^m1

$M = 243\,4314.590 + 0.419794 \cdot E$

$M - m = 0^d075$ Typus RRa

Max.	E	B–R
243 4314.589	0	−0.001
4323.409	21	+0.003

Max	E	$B-R$
243 4326.360	28	+0.016
4328.448	33	+0.005
4331.380	40	−0.002
4336.415	52	−0.004
4352.362	90	−0.009
4355.310	97	0.000
4359.528	107	+0.020
4360.355	109	+0.007
4361.600	112	−0.007
4388.475	176	+0.001
4398.533	200	−0.016
4401.491	207	+0.004
4403.575	212	−0.011
4420.374	252	−0.004
4422.465	257	−0.012
4483.347	402	0.000

Die Streuung im Minimum ist trotz der Schwäche des Sterns wahrscheinlich reell.

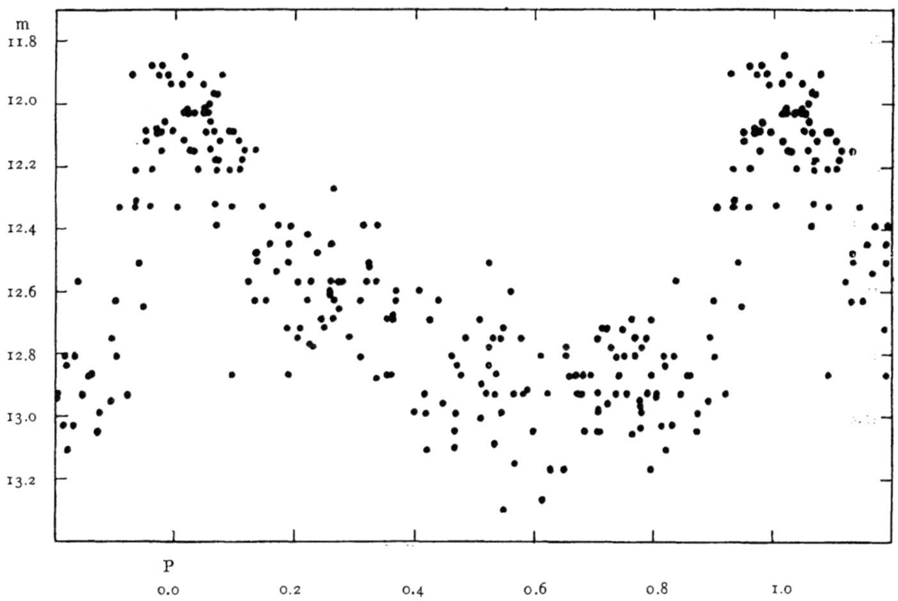

S 4843 Cae

S 4843 Cae RR Lyrae-Stern; $11^{m}.9$—$13^{m}.1$

$M = 243\ 4322.315 + 0.570794 \cdot E$

$M - m = 0^{d}.11$ Typus RRa

Max.	E	$B-R$
243 4322.320	0	+0.005
4326.315	7	+0.004
4327.442	9	−0.010

Max.	E	$B-R$
243 4331.418	16	−0.030
4334.330	21	+0.028
4335.433	23	−0.010
4338.306	28	+0.009
4344.594	39	+0.018
4362.300	70	+0.029
4364.550	74	−0.004
4368.590	81	+0.041
4372.538	88	−0.007
4388.528	116	+0.001
4400.513	137	−0.001
4415.363	163	+0.009
4419.350	170	0.000
4479.310	275	+0.027
4483.265	282	−0.014

Die starke Streuung der Beobachtungen ist zum größeren Teil durch die Lichtschwäche des Sterns verursacht.

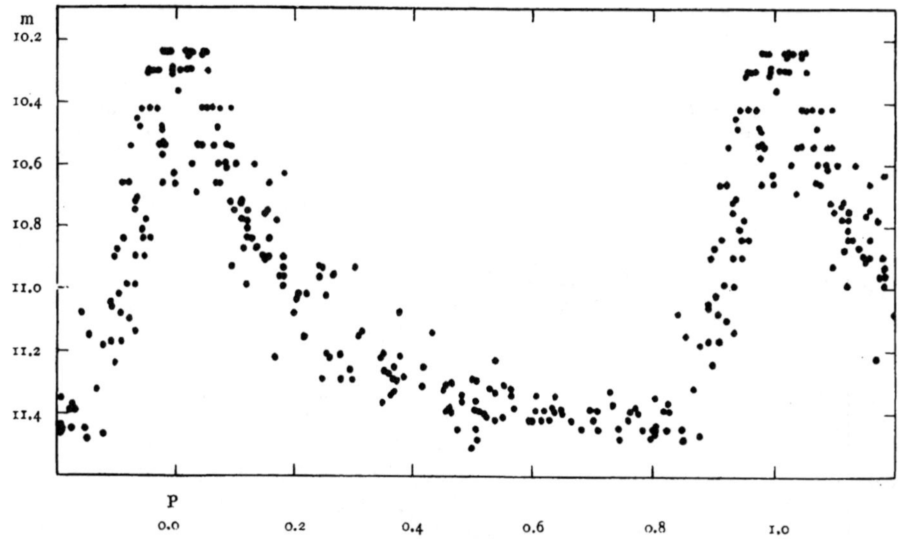

S 4846 Col

S 4846 Col RR Lyrae-Stern; $10^m_{\cdot}3$—$11^m_{\cdot}4$

$M = 243\,4310.565 + 0.478875 \cdot E$

$M - m = 0^d_{\cdot}08$ Typus RRa

Max.	E	$B-R$
243 4310.574	0	+0.009
4324.459	29	+0.007
4325.415	31	+0.005
4326.363	33	−0.005
4327.321	35	−0.005

Max.	E	$B-R$
243 4334.502	50	−0.007
4335.454	52	−0.012
4336.413	54	−0.011
4343.617	69	+0.010
4395.321	177	+0.005
4400.599	188	+0.005
4401.545	190	−0.006
4416.404	221	+0.008
4417.339	223	−0.015
4485.343	365	−0.011
4568.677	539	−0.002
4570.602	543	+0.008

Der Lichtwechsel ist sehr regelmäßig von 243 4310 bis 4337. Das Maximum 4338 dürfte bereits um $0^m_.3$ schwächer gewesen sein. Von da ab macht sich verstärkte Streuung in der Umgebung der Maxima und im Abstieg bemerkbar, doch bleibt die Streuung im kleinsten Licht immer sehr gering. Die Änderungen der Kurvenform erfolgen wahrscheinlich unregelmäßig.

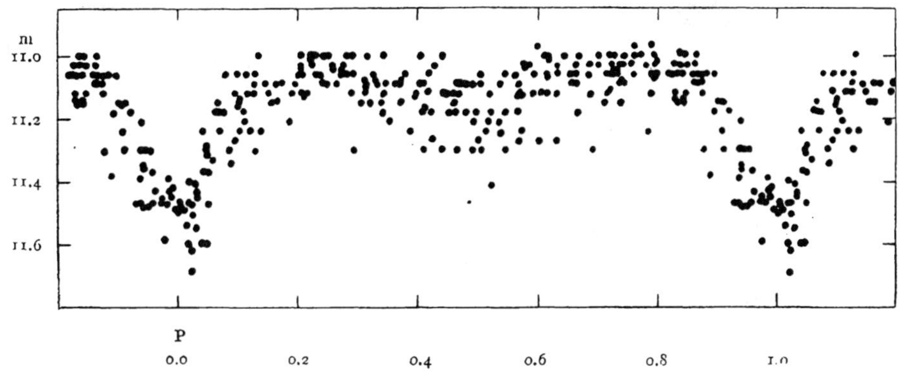

S 4848 Col

S 4848 Col β Lyrae-Stern; $11^m_.0$—$11^m_.5$

$m_1 = 243\,4326.282 + 0.565231 \cdot E$

$A_1 = 0^m_.5 \quad A_2 = 0^m_.25$

Min.	E	$B-R$
243 4326.300	0	+0.018
4327.412	2	0.000
4331.370	9	+0.001
4352.297	46	+0.014
4353.412	48	−0.001
4357.365	55	−0.005
4362.450	64	−0.007
4372.638	82	+0.007
4378.296	92	+0.013
4388.433	110	−0.024

Min.	E	$B-R$
243 4392.395	117	−0.019
4417.290	161	+0.006
4422.371	170	0.000
4431.422	186	+0.007
4474.380	262	+0.007
4478.325	269	−0.004
4482.283	276	−0.003
4499.245	306	+0.002
4504.318	315	−0.012
4512.240	329	−0.003

Die starke Streuung im Nebenminimum ist den Umständen nach für reell zu halten.

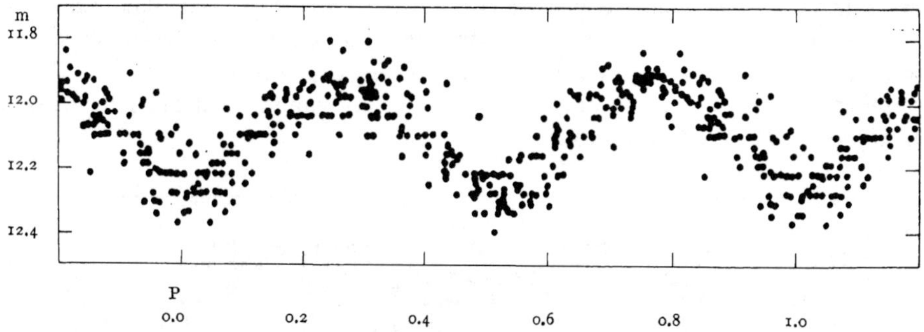

S 4875 Pup

S 4875 Pup W Ursae majoris-Art; $11^m\!.9$—$12^m\!.3$
$m_1 = 243\,4386.642 + 0.412209 \cdot E$
$A_1 = A_2 = 0^m\!.4$

Min.	$2E$	$B-R$
243 4386.627	0	−0.015
4397.375	52	+0.016
4398.377	57	−0.013
4398.612	58	+0.016
4399.396	62	−0.024
4399.630	63	+0.003
4400.446	67	−0.005
4401.484	72	+0.002
4403.530	82	−0.013
4404.565	87	−0.008
4415.295	139	+0.004
4416.313	144	−0.008
4419.432	159	+0.019
4420.442	164	−0.001
4421.264	168	−0.004
4421.477	169	+0.003
4422.273	173	−0.025

Min.	$2E$	$B-R$
243 4422.502	174	−0.002
4424.385	183	+0.026
4431.375	217	+0.008
4470.315	406	−0.005
4473.425	421	+0.013
4474.240	425	+0.004
4476.286	435	−0.011
4477.330	440	+0.002
4478.363	445	+0.004
4479.404	450	+0.015
4480.413	455	−0.007
4481.242	459	−0.002
4481.475	460	+0.025
4482.260	464	−0.014
4483.312	469	+0.007
4485.368	479	+0.002
4488.268	493	+0.016
4489.280	498	−0.002
4490.301	503	−0.012
4501.245	556	+0.009
4502.277	561	+0.010
4503.275	566	−0.022
4504.325	571	−0.003
4505.372	576	+0.014
4508.235	590	−0.009
4510.312	600	+0.007
4535.218	721	−0.025
4537.293	731	−0.011
4542.251	755	0.000

Der Lichtwechsel dürfte frei von Unregelmäßigkeiten sein.

S 4876 Pup W Ursae majoris-Stern; $11^m.7$—$12^m.2$
$m_1 = 243\,4398.437 + 0.320274 \cdot E$
$A_1 = 0^m.5$ $A_2 = 0^m.45$

Min.	$2E$	$B-R$
243 4398.280	−1	+0.003
4399.572	7	+0.014
4400.525	13	+0.006
4401.480	19	0.000
4403.551	32	−0.011
4415.407	106	−0.005
4416.366	112	−0.006
4418.294	124	0.000
4419.413	131	−0.002
4419.580	132	+0.005

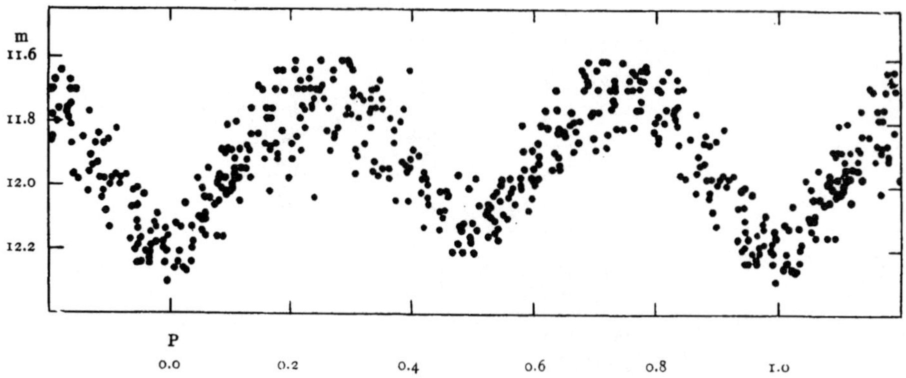

S 4876 Pup

Min.	2E	B–R
243 4420.366	137	−0.010
4420.534	138	−0.002
4421.329	143	−0.008
4421.488	144	−0.009
4422.295	149	−0.003
4422.465	150	+0.007
4422.625	151	+0.007
4424.379	162	0.000
4431.270	205	+0.005
4431.425	206	0.000
4474.337	474	−0.005
4475.310	480	+0.007
4476.425	487	+0.001
4477.388	493	+0.003
4478.346	499	0.000
4479.304	505	−0.002
4479.455	506	−0.011
4480.262	511	−0.005
4480.434	512	+0.007
4481.227	517	−0.001
4481.392	518	+0.004
4482.347	524	−0.002
4483.305	530	−0.014
4485.240	542	+0.009
4485.389	543	−0.003
4488.422	562	−0.012
4489.388	568	−0.007
4490.345	574	−0.011
4500.288	636	+0.004
4502.215	648	+0.009
4503.330	655	+0.003
4504.280	661	−0.008

Min.	2E	B–R
243 4507.318	680	−0.012
4508.286	686	−0.005
4511.336	705	+0.002
4512.282	711	−0.013
4513.242	717	−0.013
4516.300	736	+0.002
4517.255	742	−0.004
4518.220	748	0.000
4530.222	823	−0.008
4532.292	836	−0.020
4533.260	842	−0.012
4534.239	848	+0.006
4537.290	867	+0.014
4538.232	873	−0.005
4541.286	892	+0.007
4542.235	898	−0.005
4543.223	904	+0.022

Die Streuung der Beobachtungen in den Maxima ist 1.5mal so groß wie in den Minima

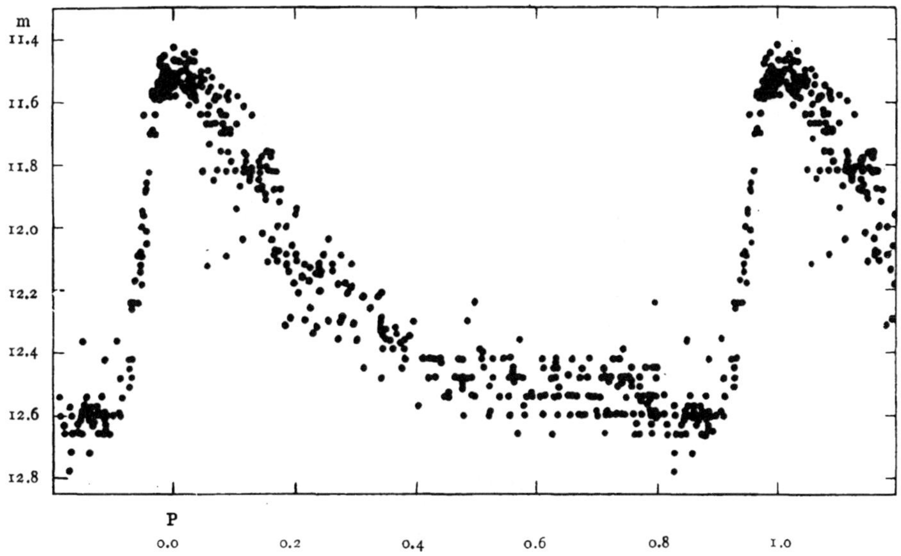

S 4879 Pup

S 4879 Pup RR Lyrae-Stern; $11^m_{\cdot}5$—$12^m_{\cdot}6$
$M = 243\ 4338.410 + 0.390751 \cdot E$
$M - m = 0^d_{\cdot}037$ Typus RRa

Max.	E	B–R
243 4338.410	0	0.000
4354.431	41	0.000
4356.383	46	−0.002

Max.	E	$B-R$
243 4361.470	59	+0.006
4365.368	69	−0.004
4373.583	90	+0.005
4388.426	128	0.000
4392.336	138	+0.002
4395.468	146	+0.008
4398.586	154	0.000
4400.539	159	0.000
4415.390	197	+0.002
4419.295	207	0.000
4420.469	210	+0.001
4421.637	213	−0.003
4422.437	215	+0.016
4424 373	220	−0.002
4431.409	238	0.000
4471.265	340	0.000
4474.389	348	−0.002
4476.342	353	−0.003
4478.300	358	+0.001
4479.472	361	+0.001
4481.423	366	−0.002
4483.378	371	−0.001
4485.332	376	0.000
4503.309	422	+0.002
4508.386	435	−0.001
4512.296	445	+0.002
4539.256	514	0.000

Aufstieg und Maximum verlaufen störungsfrei, doch sind auf dem absteigenden Ast erhebliche Unregelmäßigkeiten angedeutet.

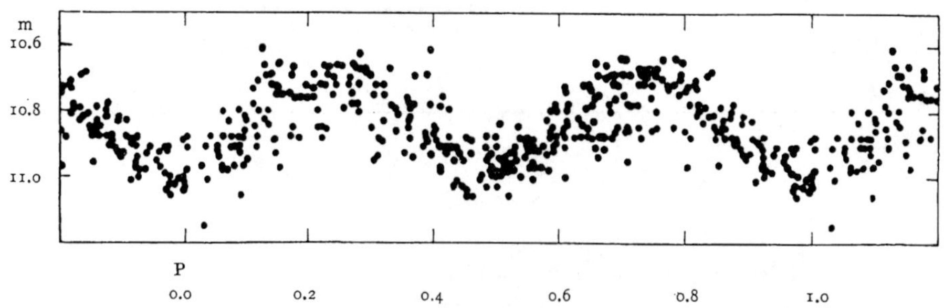

S 4884 Pup

S 4884 **Pup** W Ursae majoris-Stern; $10^m.7$—$11^m.0$

$m_1 = 243\,4344.548 + 0.432651 \cdot E$

$A_1 = A_2 = 0^m.3$

Min.	E	B–R
243 4344.562	0	+0.014
4388.447	203	−0.015
4398.387	249	−0.026
4399.495	254	0.000
4400.588	259	+0.011
4415.315	327	+0.028
4416.362	332	−0.007
4420.493	351	+0.014
4421.345	355	+0.001
4421.558	356	−0.002
4422.395	360	−0.031
4424.350	369	−0.023
4474.345	600	+0.001
4476.290	609	−0.001
4477.372	614	−0.001
4479.328	623	+0.008
4480.404	628	+0.003
4481.262	632	−0.005
4482.355	637	+0.007
4483.425	642	−0.005
4485.365	651	−0.012
4503.335	734	+0.003
4508.310	757	+0.002
4513.288	780	+0.005
4534.250	877	−0.017
4542.268	914	−0.003

Max.	E	B–R
243 4338.378	0	−0.003
4398.514	278	−0.005
4399.615	283	+0.014
4400.452	287	−0.014
4401.542	292	−0.006
4415.410	356	+0.018
4416.450	361	−0.024
4420.405	379	+0.037
4420.595	380	+0.011
4421.451	384	+0.002
4422.527	389	−0.004
4431.405	430	+0.005
4474.440	629	−0.009
4476.400	638	+0.004
4479.434	652	+0.010
4480.295	656	+0.005
4481.364	661	−0.007
4483.311	670	−0.007
4485.265	679	0.000

Max.	E	$B-R$
243 4508.412	786	0.000
4543.246	947	+0.006

Elemente aus beiden Reihen getrennt:

	$\bar{v}$	μ	n
$m = 243\,4344.548 + 0.216327 \cdot E$	± 0.0094	± 0.0133	26
$M = 243\,4338.381 + 0.216324 \cdot E$	± 0.0091	± 0.0127	21

$\bar{v}$ = durchschnittlicher Fehler, μ = mittlerer Fehler einer Epoche, n = Anzahl.

Die beiden Bestimmungen sind demnach von nahezu gleicher Genauigkeit, und unter der wahrscheinlichsten Annahme, daß W UMa-Lichtwechsel vorliegt, ergibt sich die oben angeführte Formel. Die Streuung der Einzelbeobachtungen im Maximum ist etwa das 1.3-fache derjenigen im Minimum.

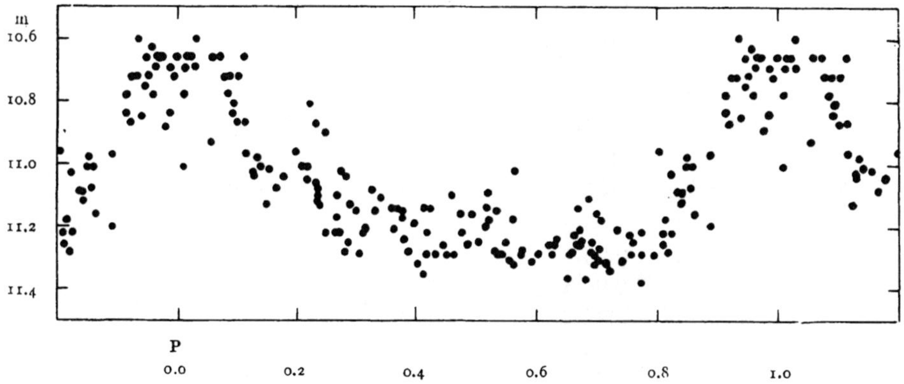

S 4892 Pup

S 4892 Pup δ Cephei-Stern; $10^{m}.7$—$11^{m}.3$

$M = 243\,4357.14 + 3.48317 \cdot E$

$M - m = 0^{d}.77$

Max.	E	$B-R$
243 4357.37	0	+0.23
4360.50	1	−0.12
4388.40	9	−0.09
4405.64	14	−0.26
4416.40	17	+0.05
4423.38	19	+0.06
4479.45	35	+0.40
4482.33	36	−0.20
4503.25	42	−0.18
4510.27	44	−0.13
4517.26	46	−0.11
4538.26	52	0.00
4559.24	58	+0.08
4566.24	60	+0.11

Die starke Streuung ist durch ungünstige Vergleichsterne verursacht.

S 4911 Pyx β Lyrae-Stern; $12^{m}.1$—$12^{m}.5$

$m_1 = 243\,4424.306 + 0.646765 \cdot E$

$A_1 = 0^{m}.4 \quad A_2 = 0^{m}.05$

Min.	E	$B-R$
243 4356.391	−105	−0.005
4424.320	0	+0.014
4427.540	5	0.000
4477.341	82	0.000
4488.333	99	−0.003
4508.400	130	+0.015
4512.245	136	−0.021
4512.261	136	−0.005
4532.329	167	+0.013
4543.310	184	−0.001
4565.292	218	−0.009
4567.252	221	+0.011

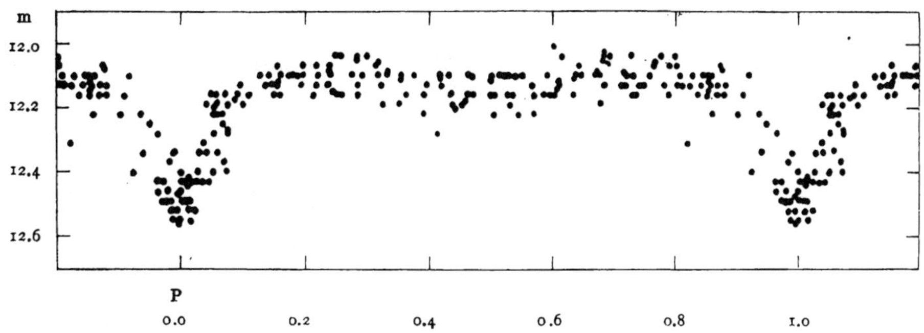

S 4911 Pyx

Das erste und das achte Minimum sind photographisch mit je 1 Platte beobachtet. Der Lichtwechsel ist frei von größeren Unregelmäßigkeiten.

S 4925 Ant W Ursae majoris-Stern; $11^{m}.6$—$12^{m}.0$

$m_1 = 243\,4419.518 + 0.445854 \cdot E$

$A_1 = A_2 = 0^{m}.4$

Min.	$2E$	$B-R$
243 4419.550	0	+0.032
4421.515	9	−0.009
4422.640	14	+0.001
4474.361	246	+0.003
4476.360	255	−0.004
4477.505	260	+0.026
4480.374	273	−0.003
4481.255	277	−0.014
4481.478	278	−0.014
4482.369	282	0.014
4483.485	287	−0.013

Min.	2E	B–R
243 4485.255	295	–0.026
4485.510	296	+0.006
4489.515	314	–0.002
4503.330	376	–0.009
4505.319	385	–0.026
4508.445	399	–0.021
4511.348	412	–0.016
4513.387	421	+0.017
4517.368	439	–0.015
4518.255	443	–0.020
4530.317	497	+0.004
4533.418	511	–0.016
4534.345	515	+0.020
4536.340	524	+0.008
4538.350	533	+0.012
4539.250	537	+0.020
4540.365	542	+0.021
4541.225	546	–0.011
4559.289	627	–0.004
4561.313	636	+0.013
4563.294	645	–0.012
4565.310	654	–0.002
4567.329	663	+0.010
4572.236	685	+0.013

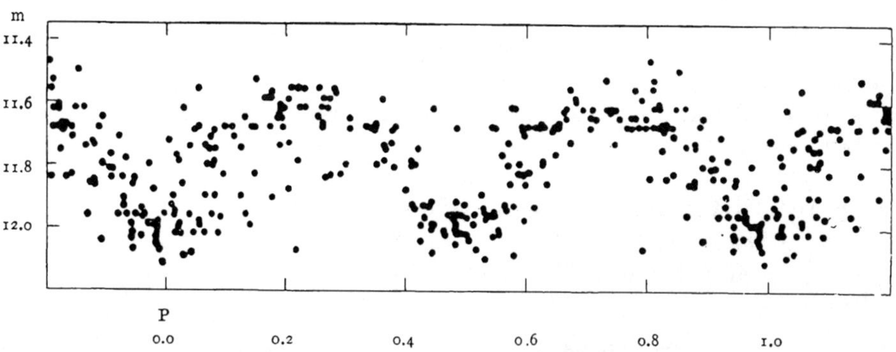

S 4925 Ant

Der Stern zeigt ungewöhnlich große Streuung der Beobachtungen, besonders in m_1 und M_1, wogegen m_2 und M_2 nur gering gestört sind; der Ausgangspunkt der Zählung der Minima ist hier jedoch willkürlich.

S 4940 Vel RR Lyrae-Stern; $11^m_.9$—$13^m_.1$

$M = 243\,4398.626 + 0.475734 \cdot E$

$M - m = 0^d_.07$ Typus RRa

Max.	E	B–R
243 4398.600	0	−0.026
4399.573	2	−0.004
4400.526	4	−0.003
4401.515	6	+0.035
4419.561	44	+0.003
4420.511	46	+0.001
4421.465	48	+0.004
4422.405	50	−0.008
4431.450	69	−0.002
4474.269	159	+0.001
4480.468	172	+0.016
4481.397	174	−0.007
4482.356	176	+0.001
4483.314	178	+0.007
4489.490	191	−0.001
4502.335	218	−0.001
4503.280	220	−0.007
4511.367	237	−0.008
4512.332	239	+0.006
4531.360	279	+0.004
4532.308	281	+0.001
4533.265	283	+0.006
4543.240	304	−0.009
4561.323	342	−0.004
4563.255	346	+0.025
4572.250	365	−0.019

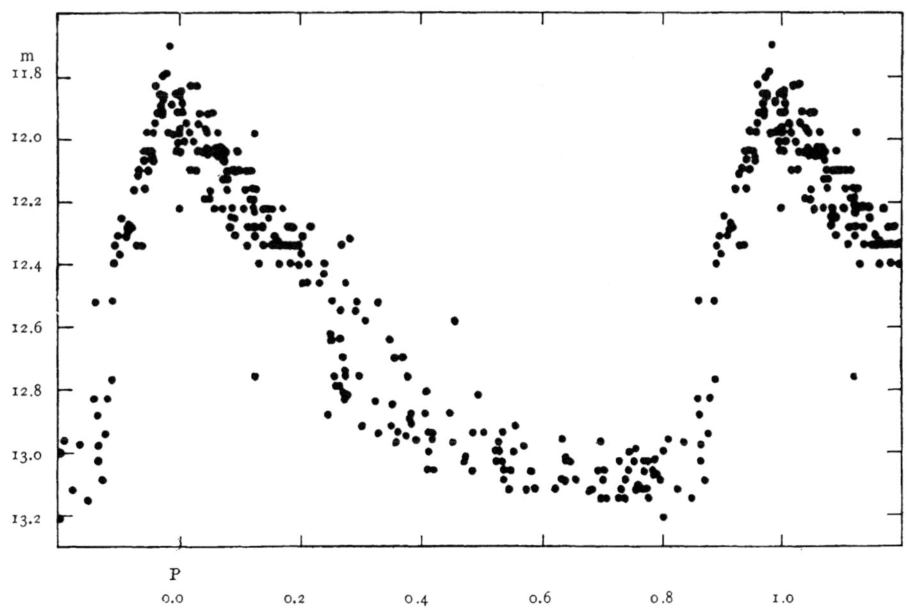

S 4940 Vel (ungünstige Vergleichsterne)

Trotz ungünstiger Vergleichsterne ist die Streuung der Beobachtungen bei diesem schwachen Veränderlichen, außer in einem Teil des Abstiegs, nicht abnorm stark. Die Ausgangsepoche verlangt vielleicht eine Korrektur von $-0^{P}.015 = -0^{d}.007$.

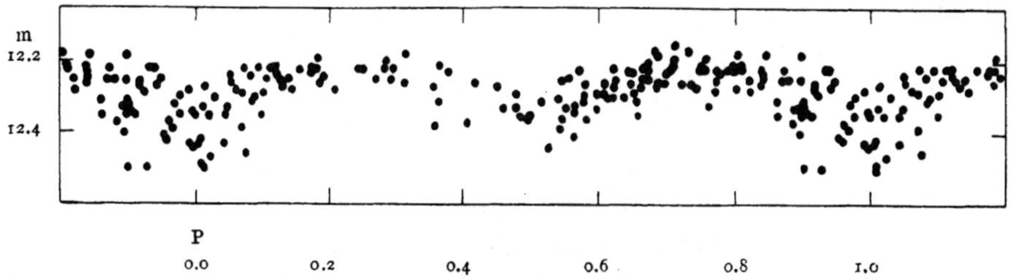

S 4946 Hya

S 4946 Hya β Lyrae-Stern; $12^{m}.2$—$12^{m}.45$

$m_1 = 243\,4478.279 + 0.509603 \cdot E$

$A_1 = 0^{m}.25 \qquad A_2 = 0^{m}.15$

Min.	2*E*	*B–R*
243 4478.285 vis	0	+0.006
4480.307 vis	8	−0.010
4481.345 vis	12	+0.008
4489.526 ph	44	+0.036
4502.253 vis	94	+0.023
4503.275 vis	98	+0.025
4505.525 vis	107	−0.018
4508.360 vis	118	+0.014
4512.395 vis	134	−0.027
4515.427 ph	146	−0.053
4531.292 vis	208	+0.014
4533.332 vis	216	+0.016
4535.351 vis	224	−0.004
4537.393 vis	232	0.000
4539.427 vis	240	−0.004
4540.444 vis	244	−0.007
4541.235 vis	247	+0.020
4541.450 vis	248	−0.020
4542.244 vis	251	+0.010
4543.285 vis	255	+0.032
4568.228 vis	353	+0.004
4569.256 vis	357	+0.013
4570.275 vis	361	+0.013
4572.296 vis	369	−0.005
4573.315 vis	373	−0.005

Die Streuung im Hauptminimum könnte reell sein.

S 4956 Mus β Lyrae-Stern; $10^{m}.1$—$10^{m}.5$

$m_1 = 243\,4401.501 + 0.798168 \cdot E$

$A_1 = 0^{m}.4 \qquad A_2 = 0^{m}.35$

Min.	2E	B-R
243 4401.505	0	+0.004
4419.459	45	−0.001
4421.470	50	+0.015
4431.416	75	−0.016
4482.539	203	+0.024
4489.285	220	−0.014
4490.465	223	−0.032
4491.673	226	−0.021
4493.677	231	−0.012
4499.265	245	−0.012
4503.282	255	+0.015
4504.456	258	−0.009
4507.635	266	−0.022
4513.638	281	−0.006
4517.635	291	+0.001
4518.415	293	−0.018
4519.605	296	−0.025
4521.635	301	+0.010
4529.218	320	+0.010
4532.417	328	+0.016
4534.415	333	+0.019
4536.403	338	+0.012
4538.446	343	+0.059
4542.377	353	−0.001
4544.380	358	+0.007
4560.370	398	+0.034
4564.320	408	−0.007
4565.508	411	−0.017
4567.497	416	−0.023
4568.338	418	+0.020
4570.309	423	−0.005
4572.327	428	+0.018

Der Lichtwechsel verläuft störungsfrei.

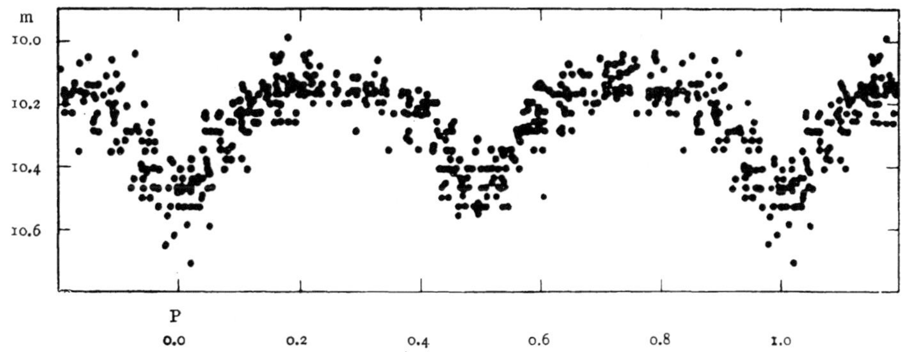

S 4956 Mus

S 3287 = 27.1942 = AN Cru Algol-Stern; $10^{\mathrm{m}}.6$—$12^{\mathrm{m}}.3$

$m = 243\,4421.565 + 3.25737 \cdot E$

Min.	E	$B-R$
243 4421.556	0	−0.009
4483.473	19	+0.018
4532.324	34	+0.008
4545.335	38	−0.010

Nur die 4 sichersten von insgesamt 10 Minima sind angeführt.

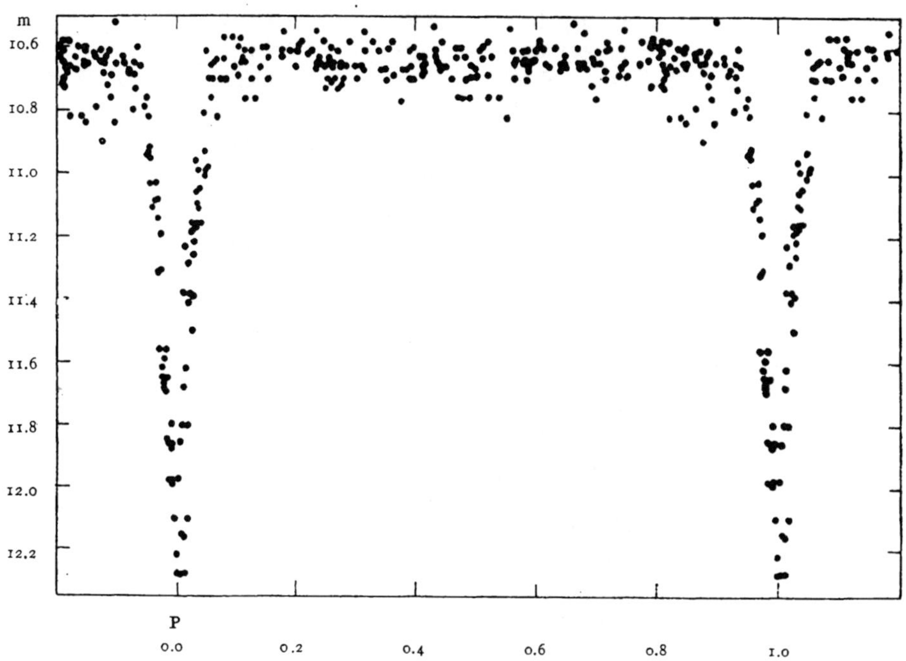

S 3287 = 27.1942 = AN Cru

S 3289 = 29.1942 = V 494 Cen RR Lyrae-Stern; $13^{\mathrm{m}}.1$—$14^{\mathrm{m}}.2$

$M = 243\,4240.225 + 0.780149 \cdot E$

$M - m = 0^{\mathrm{d}}.07$ Typus RRa

Max.		E	$B-R$
243 4240.261	ph	0	+0.036
4268.300	vis	36	−0.010
4366.579	ph	162	−0.030
4398.608	ph	203	+0.013
4477.350	ph	304	−0.040
4477.380	vis	304	−0.010
4481.278	vis	309	−0.013
4490.637	vis	321	−0.016
4499.250	vis	332	+0.016
4505.440	vis	340	−0.036
4512.510	vis	349	+0.013

Max.	E	B–R
243 4513.270 vis	350	−0.007
4516.360 ph	354	−0.038
4519.536 vis	358	+0.018
4531.255 vis	373	+0.034
4531.290 ph	373	+0.069
4534.342 vis	377	+0.001
4537.473 vis	381	+0.011
4538.260 vis	382	+0.018
4559.310 vis	409	+0.004
4562.415 vis	413	−0.012
4563.230 vis	414	+0.023
4566.312 vis	418	−0.015
4569.440 vis	422	−0.008

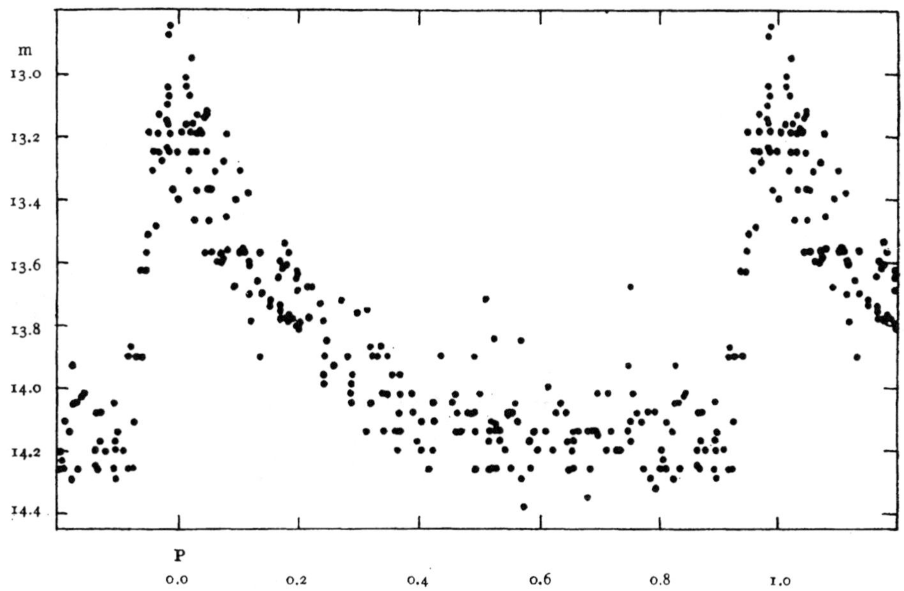

S 3289 = 29.1942 = V 494 Cen

Der schwache Stern war am 130 mm-Fernrohr nur mit Mühe zu beobachten. Die Streuung der Beobachtungen ist daher kein Hinweis auf Unregelmäßigkeiten.

S 4968 Hya RR Lyrae-Stern; $11^m\!.9$—$12^m\!.9$

$M = 243\ 4242.292 + 0.417356 \cdot E$

$M - m = 0^d\!.042$ Typus RRa

Max.	E	B–R
243 4242.312 ph	0	+0.020
4364.578 ph	293	+0.001
4399.609 ph	377	−0.026
4400.501 ph	379	+0.031
4478.505 vis	566	−0.010

Max.	E	B–R
243 4481.484 ph	573	+0.047
4485.603 vis	583	−0.008
4500.227 vis	618	+0.009
4534.440 vis	700	−0.001
4537.329 ph	707	−0.034
4539.445 vis	712	−0.004
4542.379 ph	719	+0.008
4560.330 vis	762	+0.013
4562.400 vis	767	−0.004
4565.323 vis	774	−0.003
4567.418 vis	779	+0.006
4570.330 vis	786	−0.004
4572.418 vis	791	−0.003
4573.275 vis	793	+0.020

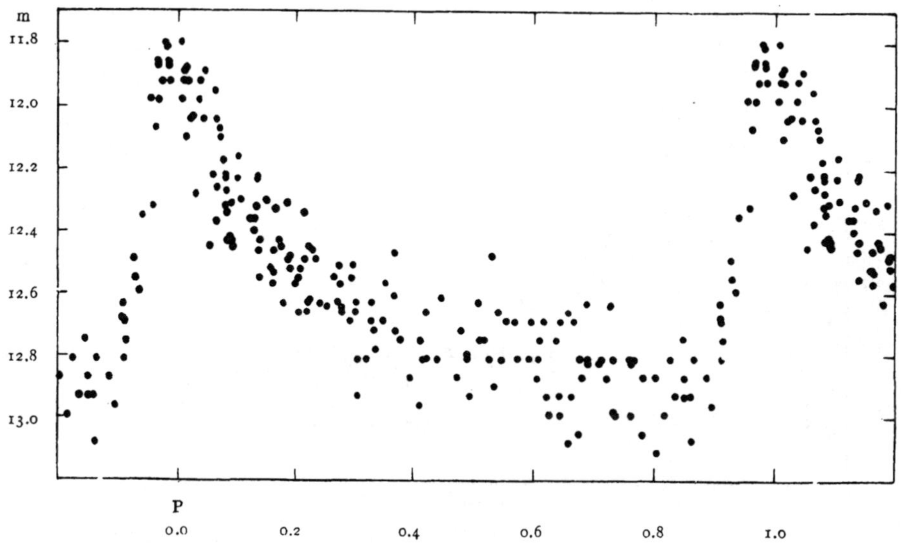

S 4968 **Hya**

In Anbetracht der geringen Helligkeit des Sterns kann die Streuung noch als normal angesehen werden.

S 4974 Cen RR Lyrae-Stern; $11^{m}\!.6$—$12^{m}\!.5$

$M = 243\,4399.620 + 0.437670 \cdot E$

$M - m = 0^{d}\!.12$: Typus wahrscheinlich RRb

Max.	E	B–R
243 4399.609 ph	0	−0.011
4400.501 ph	2	+0.006
4478.403 ph	180	+0.002
4480.581 ph	185	−0.008
4481.484 ph	187	+0.020

Max.	E	$B-R$
243 4482.360 ph	189	+0.020
4485.314 ph	196	−0.089
4491.565 ph	210	+0.034
4513.418 ph	260	+0.004
4538.375 ph	317	+0.014
4541.426 ph	324	+0.001
4542.379 ph	326	+0.079
4545.424 ph	333	+0.060
4566.350 vis	381	−0.022
4569.450 vis	388	+0.014
4570.270 vis	390	−0.041
4573.355 vis	397	−0.020

Der Stern wurde erst sehr spät auf das Programm gesetzt, so daß nur 42 visuelle Beobachtungen vorliegen. Alle Epochen sind wenig genau.

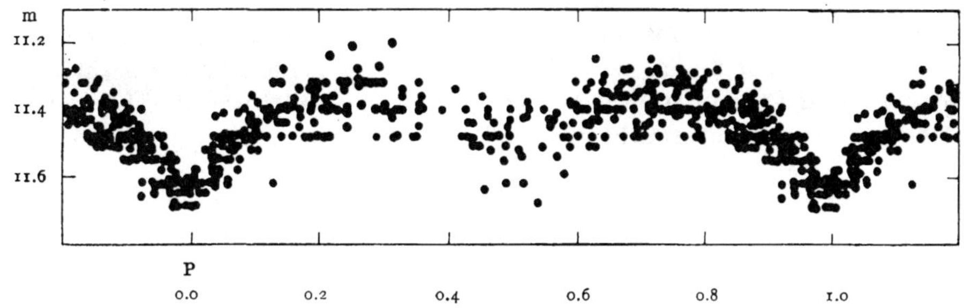

S 4975 Cen

S 4975 Cen β Lyrae-Stern; $11^m\!.3$—$11^m\!.65$

$m_1 = 243\,4485.509 + 0.508864 \cdot E$

$A_1 = 0^m\!.35$ A_2 wechselnd $0^m\!.1$ bis $0^m\!.35$

Min.	E	$B-R$
243 4485.517	0	+0.008
4505.363	39	+0.008
4508.415	45	+0.007
4511.461	51	0.000
4512.474	53	−0.005
4514.511	57	−0.003
4516.556	61	+0.006
4517.565	63	−0.002
4518.585	65	0.000
4533.352	94	+0.010
4534.361	96	+0.001
4535.383	98	+0.005
4536.394	100	−0.001
4537.407	102	−0.006
4538.418	104	−0.013
4539.435	106	−0.014

Min.	E	$B-R$
243 4540.462	108	−0.004
4541.475	110	−0.009
4560.318	147	+0.006
4561.325	149	−0.005
4562.340	151	−0.007
4563.371	153	+0.006
4564.383	155	0.000
4565.394	157	−0.007
4568.456	163	+0.002
4569.477	165	+0.005
4571.500	169	−0.007

Das Hauptminimum verläuft ganz regelmäßig. Mit wachsender Entfernung von ihm nimmt die Streuung zu und erreicht bei der Phase 0.5 ihre höchsten Beträge. Die Veränderlichkeit der Lichtkurve im Nebenminimum darf in diesem Falle als gesichert angesehen werden. Schon bei den Beobachtungen war bemerkt worden, daß die Minima sich im Abstand von etwa 6 Stunden folgten, daß aber, wenn am frühen Abend ein Minimum beobachtet worden war, das nach Mitternacht zu erwartende manchmal ausfiel oder nur sehr schwach angedeutet war. Der Stern wurde daraufhin sehr genau überwacht und die Realität der Erscheinung gesichert.

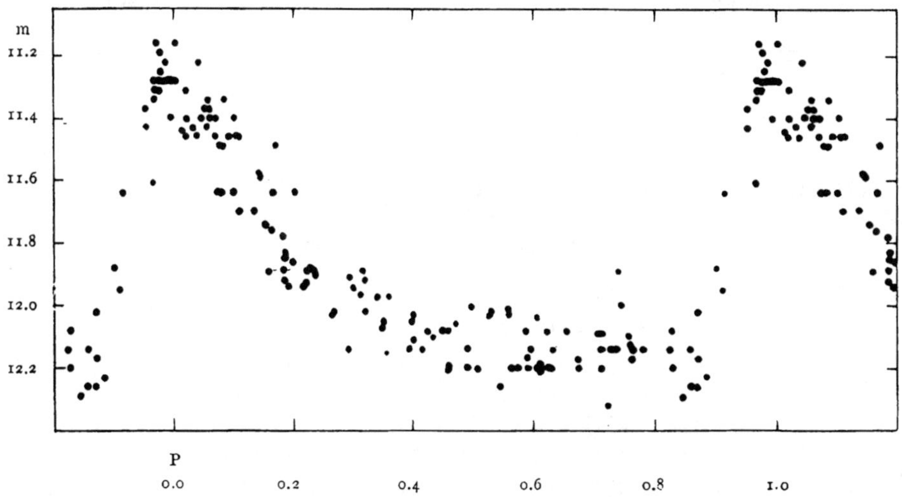

S 4978 Hya

S 4978 Hya RR Lyrae-Art; $11^{m}.3$—$12^{m}.2$

$M = 243\,4238.326 + 0.636700 \cdot E$

$M - m = 0^{d}.09$ Typus RRa

Max.	E	$B-R$
243 4238.316 ph	0	−0.010
4240.261 ph	3	+0.025
4481.528 ph	382	−0.017
4483.445 ph	385	−0.011

Max.		E	$B–R$
243 4504.476	ph	418	+0.009
4513.418	ph	432	+0.038
4518.465	vis	440	−0.009
4529.300	vis	457	+0.002
4534.390	vis	465	−0.002
4538.220	vis	471	+0.008
4539.472	vis	473	−0.013
4541.395	vis	476	0.000
4543.340	ph	479	+0.035
4546.482	vis	484	−0.007
4562.392	vis	509	−0.014
4569.390	vis	520	−0.020
4571.305	vis	523	−0.015
4573.250	vis	526	+0.020

Der Lichtwechsel zeigt keine starken Unregelmäßigkeiten; die Streuung im Maximum ist durch ungünstigen Vergleichstern veranlaßt.

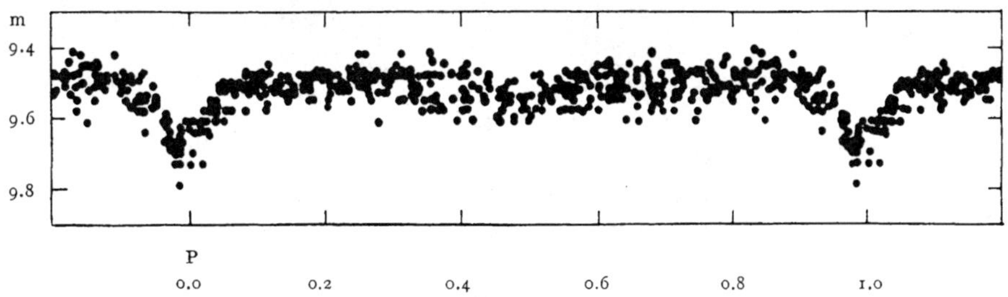

S 4980 Cen

S 4980 Cen β Lyrae-Stern; $9^m_.5$—$9^m_.7$

$m_1 = 243\,4421.603 + 0.932792 \cdot E$

$A_1 = 0^m_.2 \qquad A_2 = 0^m_.05$

Min.	E	$B–R$
243 4421.602	0	−0.001
4422.555	1	+0.019
4434.649	14	−0.013
4480.375	63	+0.006
4519.546	105	0.000
4534.458	121	−0.013
4535.418	122	+0.014
4536.325	123	−0.011
4562.450	151	−0.005
4563.382	152	−0.005
4564.325	153	+0.005
4565.257	154	+0.004

Der Lichtwechsel verläuft regelmäßig.

S 4981 Cen RR Lyrae-Stern; $11^m.0$—$11^m.9$

$M = 243\ 4432.590 + 0.493919 \cdot E$

Lichtkurve veränderlich, $M - m = 0^d.074$ (steile Form), $0^d.115$ (flache Form)

Max.	E	$B-R$
243 4432.605	0	+0.015
4479.498	95	−0.014
4480.492	97	−0.008
4481.480	99	−0.008
4482.493	101	+0.017
4483.470	103	+0.006
4485.445	107	+0.006
4488.405	113	+0.002
4489.401	115	+0.010
4499.254	135	−0.015
4512.595	162	−0.010
4513.588	164	−0.005
4514.565	166	−0.016
4518.545	174	+0.013
4519.535	176	+0.015
4532.343	202	−0.019
4533.345	204	−0.004
4534.315	206	−0.022
4535.315	208	−0.010
4536.312	210	−0.001
4537.310	212	+0.009
4538.310	214	+0.021
4539.283	216	+0.006
4540.275	218	+0.011
4541.270	220	+0.018
4542.235	222	−0.005
4565.450	269	−0.004
4566.433	271	−0,009
4567.430	273	0.000
4568.402	275	−0.016
4569.400	277	−0.006
4570.394	279	+0.001
4571.382	281	+0.001
4572.365	283	−0.004
4573.365	285	+0.008

Die Veränderlichkeit der Form der Maxima wurde schon bei den Beobachtungen bemerkt. Die Amplitude wechselt zwischen $0^m.9$ und $0^m.6$, wobei $0^m.2$ auf die Maxima, $0^m.1$ auf die Minima entfallen. Hohe spitze Maxima treten gegenüber der linearen Formel etwas verfrüht, flache niedrige etwas verspätet ein, wobei aber auch die Auffassung des Bearbeiters von Einfluß sein wird. Die Amplitude dieses Effekts ist nur etwa $\pm 0^d.015$.

Länge der Schwebungsperiode: aus den $B-R$ ...... $\sim 59\ P = 29^d.14$
nach der Kurvenform $\sim 60\ P = 29.64$

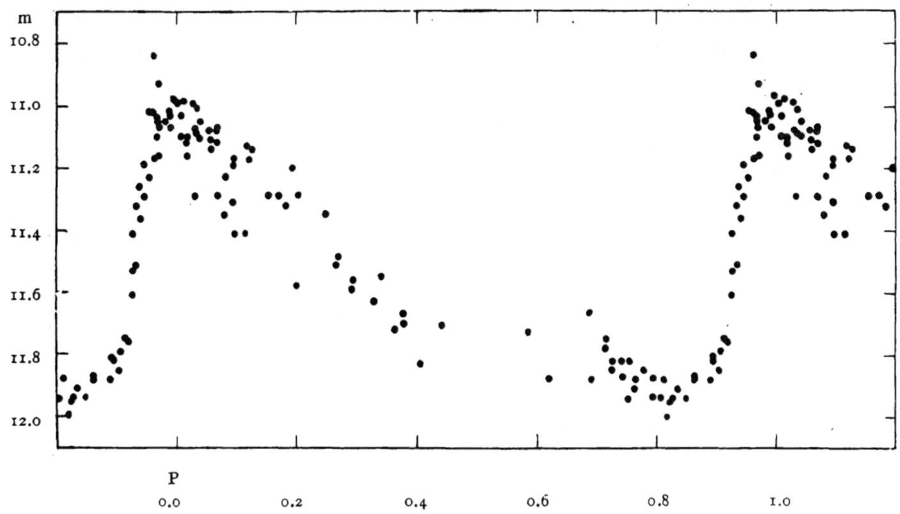

S 4981 Cen Steile Form

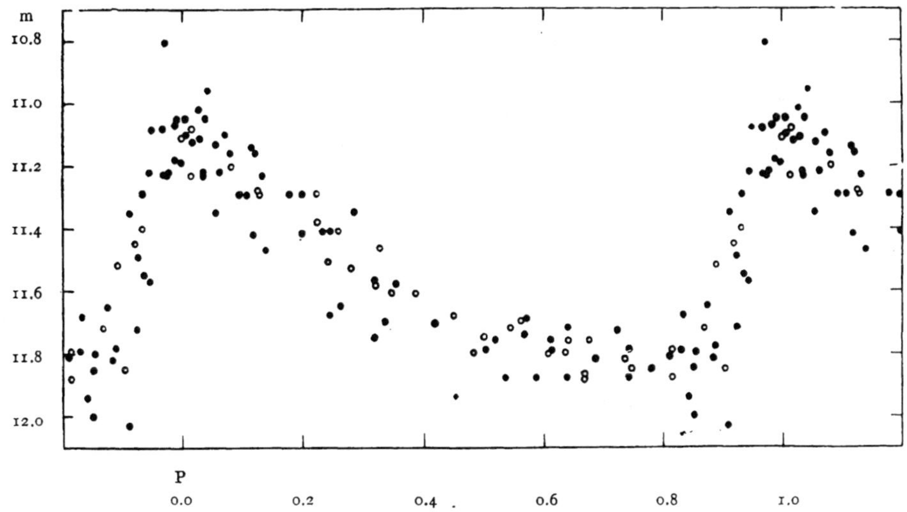

S 4981 Cen Mittlere Form

● Übergang von der steilen zur flachen Form

○ Übergang von der flachen zur steilen Form

Der Übergang von der steilen zur flachen Form der Lichtkurve scheint rascher zu erfolgen als derjenige in der entgegengesetzten Richtung; der Zustand flacher Maxima scheint länger anzudauern als der der steilen.

Übersicht der Epochen, nach der Kurvenform getrennt:

Steile Form		Mittlere Form		Flache Form	
243 4499	E = 135	243 4480	E = 97	243 4483	E = 103
4532	202	4481	99	4485	107
4533	204	4482	101	4488	113

Steile Form		Mittlere Form		Flache Form	
243 4534	E = 206	243 4489	E = 115	243 4512	E = 162
4535	208	4536	210	4513	164
4564	267	4537	212	4514	166
4565	269	4538	214	4518	174
4566	271	4570	279	4519	176
4567	273	4571	281	4539	216
4568	275			4540	218
4569	277			4541	220
				4542	222
				4572	283
				4573	285

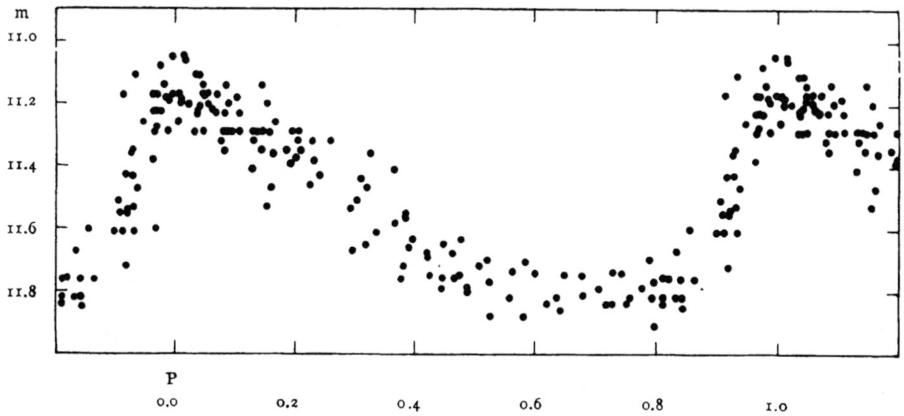

S 4981 Cen Flache Form

S 4990 Cen δ Cephei-Stern; $11^m_{\cdot}6$—$12^m_{\cdot}2$
$M = 243\,4481.80 + 4.6384 \cdot E$
$M - m = 1^d_{\cdot}7$:

Max.	E	B–R
243 4481.2 ph	0	–0.6
4491.1 ph	2	0.0
4505.0 ph	5	0.0
4514.9 ph	7	+0.6
4532.6 ph	11	–0.2
4537.3 ph	12	–0.2
4560.5 ph	17	–0.1
4565.3 vis	18	0.0
4570.4 vis	19	+0.5

Nur 24 visuelle Beobachtungen von 243 4563 bis 4573 liegen vor. Eine photographische Beobachtung 4399.61 $11^m_{\cdot}85$ liegt $1^d_{\cdot}3$ nach dem Maximum –18.

Die Periode ist nur mit geringer Genauigkeit bestimmt.

S 4995 Cen W Ursae majoris-Art; $11^m.9$—$12^m.6$
$m_1 = 243\ 4425.555 + 0.292397 \cdot E$
$A_1 = 0^m.7 \qquad A_2 = 0^m.6$

Min.	2E	B–R
243 4425.563	0	+0.008
4431.551	41	+0.002
4474.382	334	−0.003
4477.318	354	+0.009
4479.500	369	−0.002
4480.383	375	+0.004
4480.519	376	−0.007
4481.250	381	−0.007
4481.395	382	−0.008
4481.547	383	−0.002
4482.284	388	+0.004
4482.426	389	0.000
4482.579	390	+0.007
4483.301	395	−0.002
4483.455	396	+0.005
4485.485	410	−0.011
4485.643	411	0.000
4486.365	416	−0.009
4488.426	430	+0.006
4489.592	438	+0.002
4490.312	443	−0.009
4490.619	445	+0.006
4491.639	452	+0.002
4503.329	532	−0.004
4504.355	539	−0.001
4505.380	546	+0.001
4508.314	566	+0.011
4509.625	575	+0.006
4511.371	587	−0.003
4511.522	588	+0.002
4512.395	594	−0.002
4512.560	595	+0.017
4513.275	600	+0.001
4513.415	601	−0.005
4513.552	602	−0.014
4514.580	609	−0.010
4516.350	621	+0.006
4516.493	622	+0.003
4516.633	623	−0.004
4517.370	628	+0.002
4517.516	629	+0.002
4518.250	634	+0.005
4518.540	636	+0.003

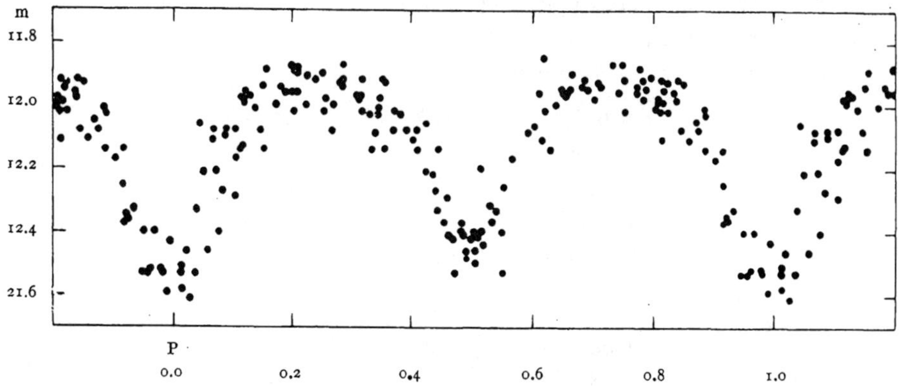

S 4995 Cen 243 4419 bis 4505

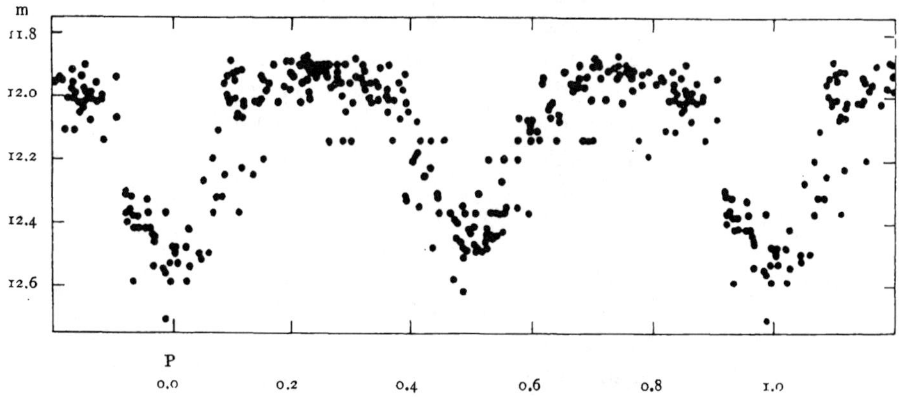

S 4995 Cen 243 4507 bis 4573

Min.	2*E*	*B–R*
243 4519.566	643	+0.005
4521.610	657	+0.003
4529.226	709	+0.016
4530.225	716	−0.008
4531.248	723	−0.009
4532.279	730	−0.001
4532.417	731	−0.009
4533.304	737	+0.001
4533.446	738	−0.003
4534.329	744	+0.002
4534.476	745	+0.003
4535.340	751	−0.010
4535.491	752	−0.005
4536.230	757	+0.003
4536.373	758	0.000
4537.401	765	+0.004
4538.280	771	+0.006
4538.434	772	+0.014

Min.	$2E$	$B-R$
243 4539.295	778	−0.002
4539.450	779	+0.006
4540.321	785	0.000
4541.340	792	−0.004
4541.489	793	−0.001
4542.225	798	+0.004
4543.241	805	−0.004
4543.389	806	−0.002
4546.465	827	+0.004
4562.400	936	+0.003
4564.443	950	−0.001
4565.458	957	−0.009
4566.350	963	+0.006
4568.395	977	+0.004
4569.423	984	+0.009
4570.300	990	+0.008
4571.314	997	−0.001
4571.460	998	−0.001
4572.334	1004	−0.004
4572.483	1005	−0.001
4573.355	1011	−0.007
4573.513	1012	+0.005

Nur visuelle Minima sind benutzt, da in Anbetracht der kurzen Periode die photographischen Beobachtungen nur ungenaue Epochen hätten ergeben können. Es wurden 2 Lichtkurven gezeichnet, da es den Anschein hatte, als ob im zweiten Abschnitt die Streuung größer sei. Der Unterschied ist jedoch gering, die Streuung im wesentlichen aus der Schwäche des Sterns zu erklären. Der Lichtwechsel ist also offenbar frei von größeren Unregelmäßigkeiten. Immerhin ist der herausfallende Wert $12^{m}.71$ bei der Beobachtung als geprüft und gesichert bezeichnet.

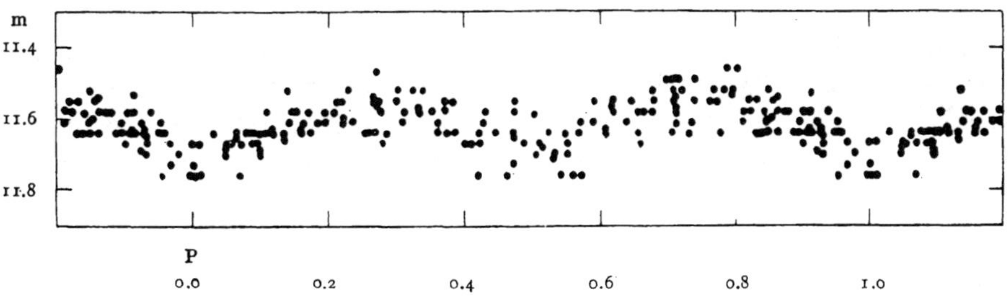

S 4998 Cen

S 4998 Cen W Ursae majoris-Art; $11^{m}.55$—$11^{m}.7$

$m_1 = 243\,4421.488 + 0.325067 \cdot E$

$A_1 = 0^{m}.15 \qquad A_2 = 0^{m}.1$

Min.	$2E$	$B-R$
243 4421.463	0	−0.025
4425.571	25	+0.020

Min.	$2E$	$B-R$
243 4431.416	61	+0.013
4434.655	81	+0.002
4482.276	374	0.000
4487.656	407	+0.017
4502.263	497	−0.004
4503.383	504	−0.022
4505.521	517	+0.003
4508.297	534	+0.016
4511.344	553	−0.025
4520.649	610	+0.016
4521.608	616	−0.001
4522.612	622	+0.028
4542.261	743	+0.011
4545.369	762	+0.030
4546.447	769	−0.029
4563.358	873	−0.022
4565.330	885	0.000
4565.490	886	−0.003
4566.325	891	+0.020
4566.493	892	+0.025
4567.272	897	−0.009
4567.446	898	+0.003
4568.235	903	−0.021
4569.397	910	+0.004
4570.367	916	−0.002
4571.343	922	−0.001
4572.316	928	−0.003
4572.473	929	−0.009
4573.312	934	+0.018
4573.460	935	+0.003

Die ersten 17 Epochen sind visuelle Einzelbeobachtungen, die folgenden beruhen auf visuellen Reihen. Wegen der kleinen Amplitude wurde der Charakter des Lichtwechsels erst sehr spät erkannt. Heranziehung photographischer Beobachtungen war nicht ratsam; sie würden wegen der Unschärfe der Epochen kaum eine Verbesserung ergeben.

S 4999 Cen β Lyrae-Stern; $10^m.5$—$10^m.9$

$m_1 = 243\,4479.355 + 1.301858 \cdot E$

$A_1 = 0^m.4 \quad A_2 = 0^m.15$

Min.	E	$B-R$
243 4479.35	0	−0.01
4483.28	3	+0.02
4488.48	7	+0.01
4493.65	11	−0.03
4505.39	20	0.00

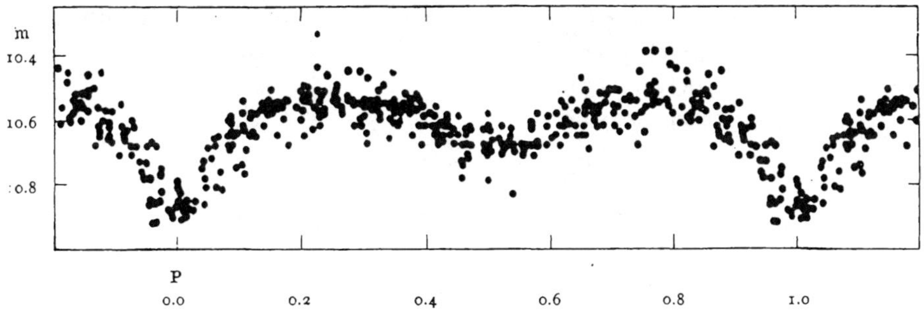

S 4999 Cen

Min.	E	B–R
243 4514.52	27	+0.01
4518.40	30	−0.01
4535.36	43	+0.03
4539.23	46	−0.01
4540.54	47	0.00
4544.47	50	+0.02
4570.48	70	−0.01

Der Lichtwechsel ist frei von Unregelmäßigkeiten.

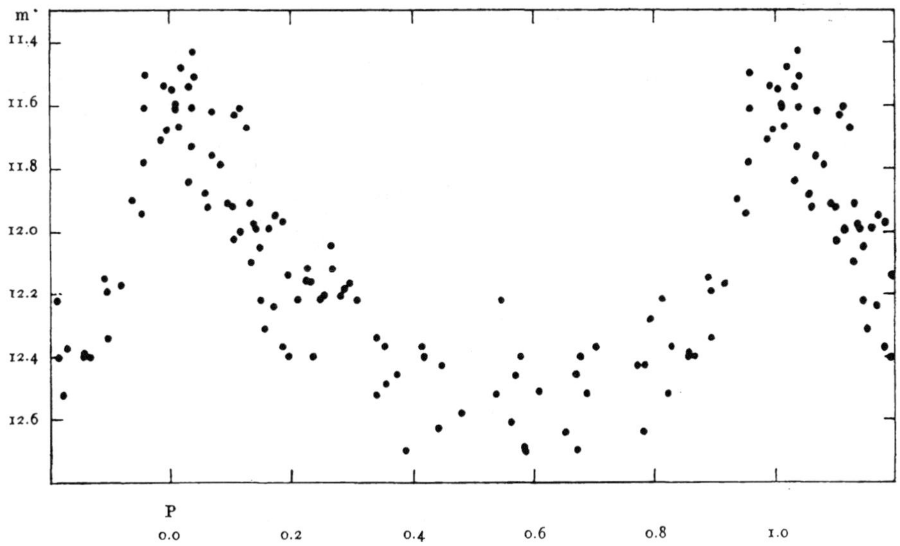

VX Aps

VX Aps RR Lyrae-Stern; $11^m_.5$—$12^m_.6$

$M = 243\ 4239.361 + 0.484578 \cdot E$

$M - m = 0^d_.17$ Typus RRb

Max.	E	B–R
243 4239.367 ph	0	+0.006
4240.355 ph	2	+0.025

Max.	E	$B-R$
243 4302.317 ph	130	−0.039
4373.582 ph	277	−0.007
4420.615 ph	374	+0.022
4518.477 ph	576	−0.001
4519.510 ph	578	+0.063
4538.379 ph	617	+0.033
4540.295 vis	621	+0.011
4541.265 vis	623	+0.012
4542.225 vis	625	+0.003
4548.502 vis	638	−0.020
4564.495 vis	671	−0.018
4565.475 vis	673	−0.007
4566.442 vis	675	−0.009
4569.380 vis	681	+0.021
4570.320 vis	683	−0.008
4571.300 vis	685	+0.003
4572.285 vis	687	+0.019
4573.245 vis	689	+0.010

Die Streuung der Beobachtungen beruht mindestens zum Teil auf der Schwäche des Sterns.

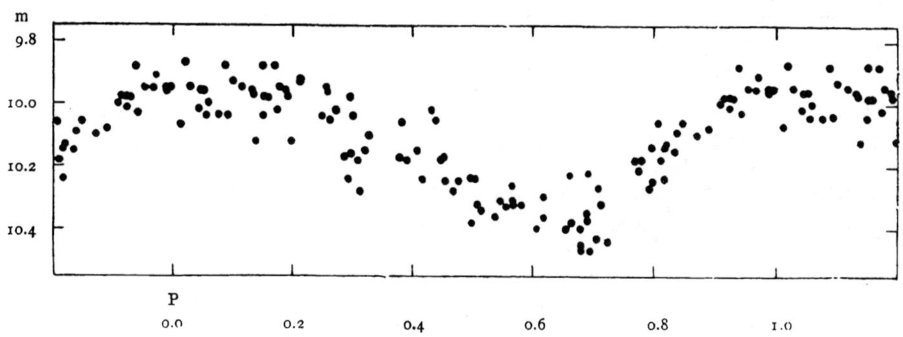

S 5007 Nor

S 5007 Nor δ Cephei-Stern; $9\overset{m}{.}9$—$10\overset{m}{.}4$
M 243 4234.3 + 8.2317 · E
$M - m = 2\overset{d}{.}5$

Max.	E	$B-R$
243 4234.8: ph	0	+0.5
4267.3: ph	4	+0.1
4365.6: ph	16	−0.4
4398.6: ph	20	−0.3
4431.5: ph	24	−0.4
4481.3 vis	30	0.0
4481.6 ph	30	+0.3
4489.7 vis	31	+0.2
4505.9 vis	33	0.0

Max.		E	B–R
243 4514.3	vis	34	+0.1
4522.2	vis	35	−0.2
4530.3	vis	36	−0.3
4538.8	vis	37	−0.1
4546.9	vis	38	−0.2
4563.8	vis	40	+0.2
4571.8	vis	41	0.0

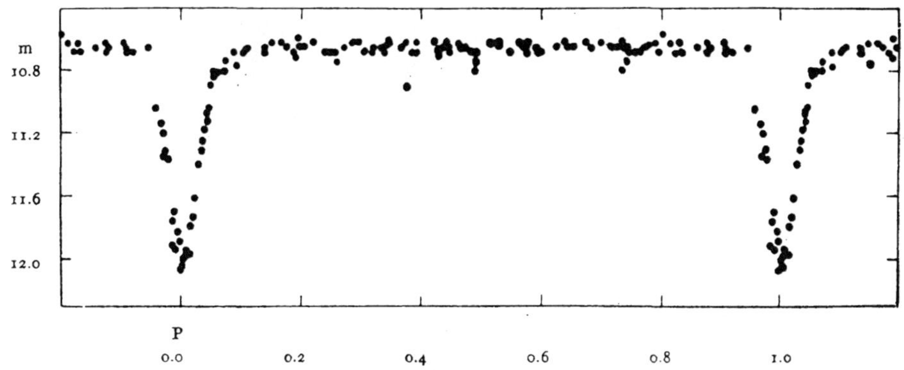

S 5011 Lup

S 5011 Lup Algol-Stern; $10^{m}.6$—$12^{m}.0$
$m = 242\ 8367.23 + 3.351765 \cdot E$
$D = 0^{d}.54$ $d = 0^{d}.00$ $A_1 = 1^{m}.4$ $A_2 = 0^{m}.1$:

Min.	E	B–R
242 8367.32 ph	0	+0.09
8387.28 ph	6	−0.06
8682.28 ph	94	−0.02
8692.29 ph	97	−0.06
8719.25 ph	105	+0.08
8806.26 ph	131	−0.05
243 4236.26 ph	1751	+0.09
4246.28 ph	1754	+0.05
4373.58 ph	1792	−0.01
4420.52 ph	1806	0.00
4477.48 ph	1823	−0.02
4504.33 vis	1831	+0.02
4507.67 vis	1832	+0.01
4534.48 vis	1840	0.00
4544.47 ph	1843	−0.06
4561.28 ph	1848	−0.01
4564.64 vis	1849	0.00

Die Epoche erfordert nach der Lichtkurve eine Korrektur von $+0^{d}.005$.

SX Lup β Lyrae-Stern; $11^m_.5$—$12^m_.6$

$m_1 = 243\,4270.290 + 0.6858441 \cdot E$

$A_1 = 1^m_.1 \quad A_2 = 0^m_.3$

Min.	E	$B-R$
242 8369.289	−8604	+0.002
8725.238	−8085	−0.003
243 4270.291	0	+0.001
4272.360	3	+0.012
4274.412	6	+0.007
4305.280	51	+0.012
4307.325	54	−0.001
4400.594	190	−0.006
4477.422	302	+0.007
4505.535	343	0.000
4507.598	346	+0.006
4509.652	349	+0.002
4512.397	353	+0.004
4516.507	359	−0.001
4520.621	365	−0.002
4532.282	382	0.000
4534.342	385	+0.002
4543.259	398	+0.003
4564.516	429	−0.001
4571.379	439	+0.003
4573.435	442	+0.002

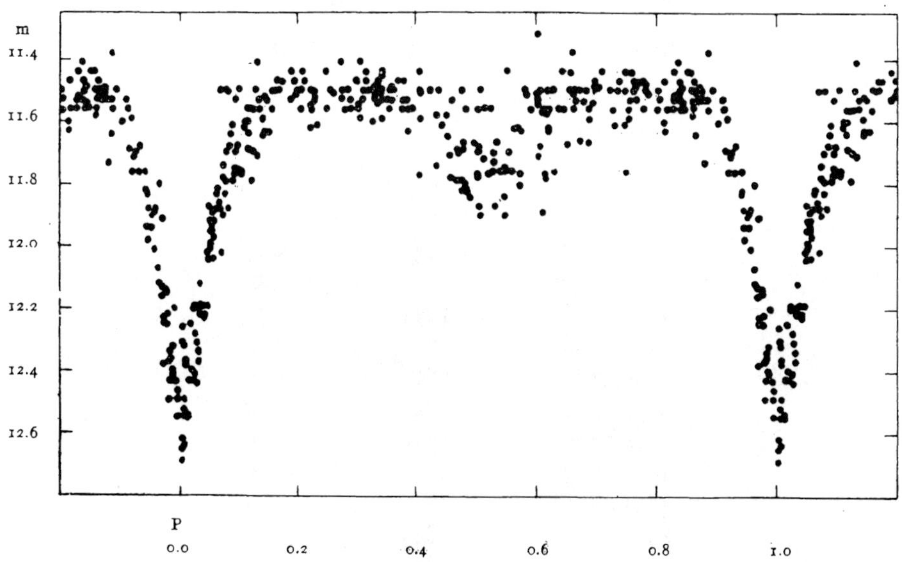

SX Lup

Die beiden weit zurückliegenden ersten Minima sind photographisch beobachtet. Die Lichtkurve weist offenbar erhebliche Unregelmäßigkeiten auf. Ungestört ist eigentlich nur das erste Maximum. Die Streuung erreicht auch bei diesem Stern ihren Höchstwert im Nebenminimum und beim Aufstieg zum zweiten Maximum. Nachprüfung der einzelnen Nachtreihen hat ergeben, daß zwischen den Phasen 0.6 und 0.7 noch einwandfrei Schwächungen beobachtet sind.

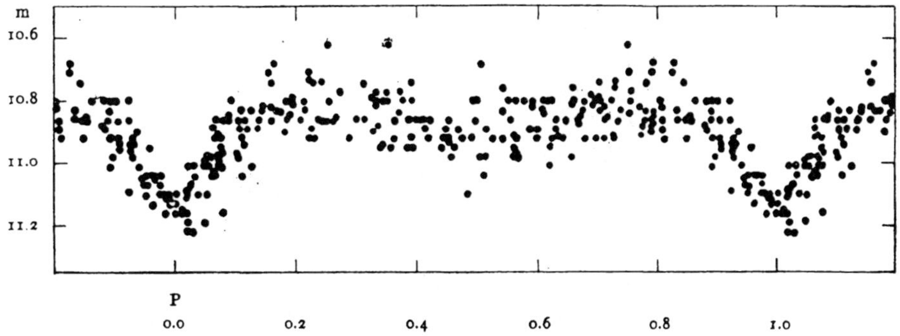

S 5019 TrA

S 5019 TrA β Lyrae-Stern; 10^m8—11^m2
$m_1 = 243\,4489.397 + 0.545442 \cdot E$
$A_1 = 0^m45$ $A_2 = 0^m15$

Min.	E	$B-R$
243 4245.315	−895	+0.003
4323.282	−609	−0.028
4489.403	0	+0.006
4500.295	40	−0.011
4530.304	150	−0.001
4537.368	176	−0.028
4538.513	180	+0.026
4539.265	183	−0.040
4542.305	194	0.000
4542.595	195	+0.017
4552.671	232	+0.003
4560.304	260	−0.001
4561.410	264	+0.015
4565.225	278	+0.011
4566.295	282	−0.009
4566.565	283	−0.012
4567.400	286	+0.005
4568.480	290	−0.006
4569.565	294	−0.012
4570.405	297	+0.010
4570.650	298	−0.018
4572.304	304	0.000
4573.401	308	+0.006

Die beiden ersten Minima sind photographisch beobachtet und durch nur je 1 Platte belegt. In Anbetracht der günstigen Helligkeit des Sterns ist die verstärkte Streuung in der Umgebung des Nebenminimums als reell anzusehen.

S 5020 Oct RR Lyrae-Stern; $9^m.8$—$10^m.7$

$M = 243\,4328.396 + 0.542625 \cdot E$

Lichtkurve veränderlich, $M - m = 0^d.075$ (steile Form),
$0^d.100$ (flache Form)

Max.	E	B-R
243 4328.378	0	−0.018
4352.302	44	+0.030
4353.364	46	+0.007
4354.448	48	+0.006
4361.500	61	+0.004
4362.578	63	−0.003
4366.372	70	−0.008
4368.547	74	−0.003
4398.390	129	−0.005
4400.573	133	+0.008
4401.650	135	0.000
4531.358	374	+0.020
4532.424	376	+0.001
4537.316	385	+0.009
4539.470	389	−0.007
4541.640	393	−0.008
4544.338	398	−0.023
4545.435	400	−0.011
4571.507	448	+0.015

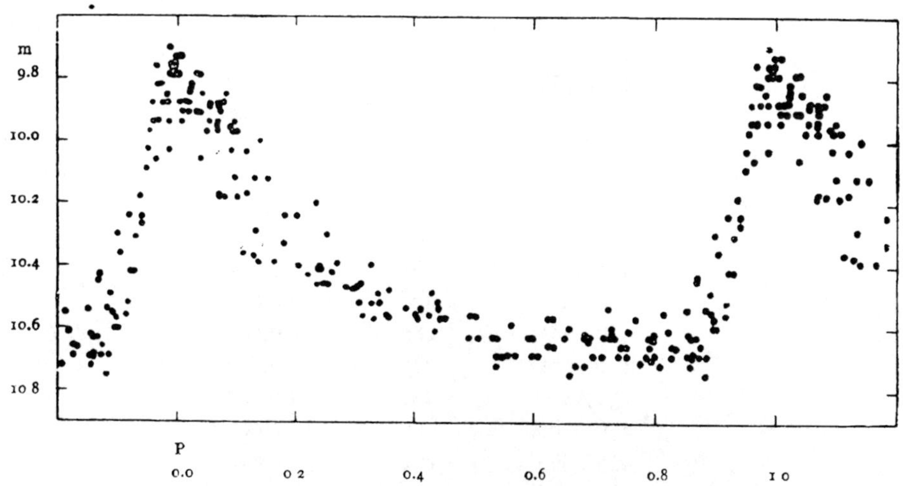

S 5020 Oct Steile Form

Die Periode der Kurvenänderung ist etwa 80^d. Die steile Form ist beobachtet von 243 4362 bis 4418 und von 4531 bis 4548, die flache Form von 4324 bis 4361, 4419 bis 4427 und 4504 bis 4530, wobei die Abschnitte zum Teil durch die Mondlücken begrenzt werden und auch die Übergangszeiten mit einschließen. In einem Falle ist der Übergang beobachtet: bei 4330 war der Lichtwechsel am stärksten ab-

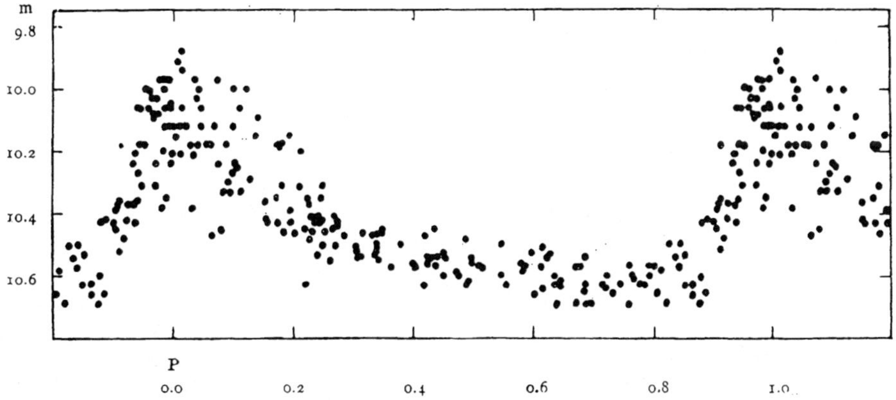

S 5020 Oct Flache Form

geflacht und die Amplitude auf 10^{m}2—10^{m}6 vermindert; es folgte ein langsamer Anstieg der Höhe der Maxima unter Steilerwerden des aufsteigenden Astes mit der mittleren Amplitude 9^{m}95—10^{m}7 bis 4361; von 4362 ab wurden die Beobachtungen dann der steilen Form zugeschrieben. Die Streuung, besonders bei der Flachkurve, wird durch den Einschluß der Übergangsformen verursacht. Man bemerkt bei diesem Stern besonders deutlich, daß die Minima von dem Effekt kaum berührt werden.

S 5021 = EH TrA Algol-Stern; 11^{m}3—13^{m}6

m = 243 4239.430 + 3.83301 · E

D = 0^{d}42 d = 0^{d}00 m_2 vielleicht schwach angedeutet

Min.	E	B–R
243 4239.450 ph	0	+0.020
4243.230 ph	1	−0.033
4488.510 ph	65	−0.066

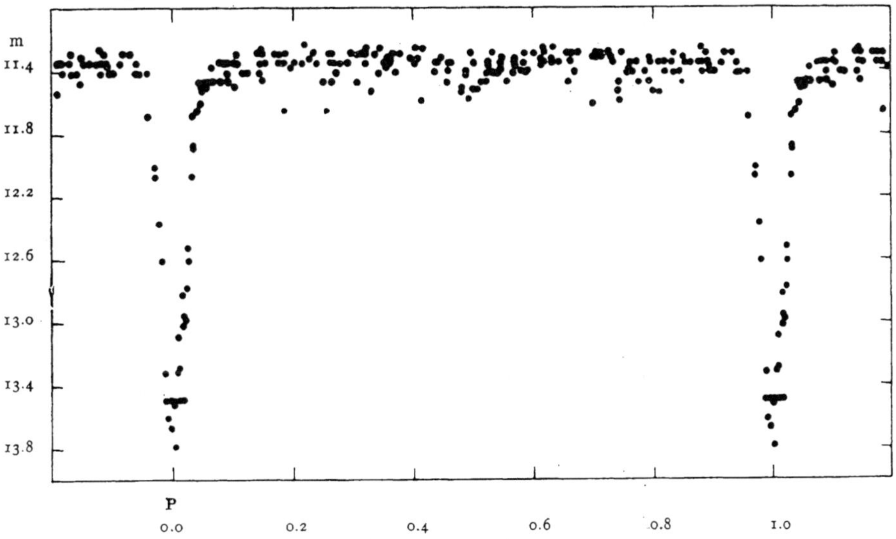

S 5021 TrA

Min.	E	B–R
243 4519.250 vis	73	+0.010
4534.564 vis	77	–0.008
4538.410 vis	78	+0.005
4542.251 vis	79	+0.013
4561.355 ph	84	–0.048
4561.395 vis	84	–0.008
4565.230 vis	85	–0.006

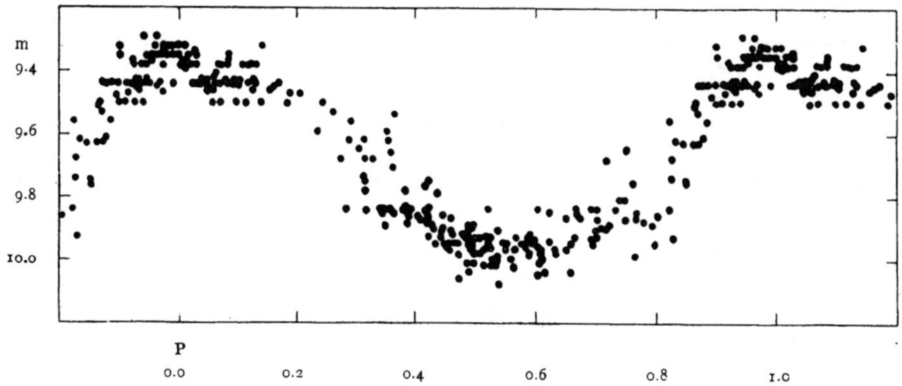

RT TrA

RT TrA δ Cephei-Stern; $9^m_.4$—$10^m_.0$

$M = 243\,4233.45 + 1.94610 \cdot E$

$M - m = 0^d_.72$

Max.	E	B–R
242 7986.44 ph	–3210	–0.03
8669.44 ph	–2859	–0.11
8694.49 ph	–2846	–0.36
8696.57 ph	–2845	–0.23
8700.48 ph	–2843	–0.21
8716.30 ph	–2835	+0.04
8726.43 ph	–2830	+0.44
8741.29 ph	–2822	–0.27
8745.28 ph	–2820	–0.17
8747.34 ph	–2819	–0.05
8749.34 ph	–2818	0.00
8751.34 ph	–2817	+0.05
8753.30 ph	–2816	+0.07
8776.30 ph	–2804	–0.29
243 4233.29 vis	0	–0.16
4235.33 vis	1	–0.07
4237.28 vis	2	–0.06
4239.30 vis	3	+0.01
4243.34 vis	5	+0.16
4245.37 vis	6	+0.24

Max.	E	$B-R$
243 4270.34 vis	19	−0.09
4272.34 vis	20	−0.03
4274.34 vis	21	+0.02
4276.28 vis	22	+0.02
4305.32 vis	37	−0.14
4311.25 vis	40	−0.04
4313.26 vis	41	+0.02
4315.26 vis	42	+0.07
4336.60 vis	53	+0.01
4338.58 vis	54	+0.04
4344.60 vis	57	+0.22
4365.59 vis	68	−0.21
4373.58 vis	72	+0.01
4420.48 vis	96	+0.20
4513.67 vis	144	−0.02
4515.48 vis	145	−0.15
4568.34 vis	172	+0.16
4570.30 vis	173	+0.17

Die photographischen Epochen sind wenig sicher. Die Überbrückung der Lücke von fast 15 Jahren zwischen den beiden Teilreihen ist nicht sicher gewährleistet. Bei Verkleinerung der Epochendifferenz um eine Einheit ergibt sich $P = 1.94679$ mit fast gleichwertiger Darstellung.

Der Stern ist ausgesprochen schwierig. Payne-Gaposchkin (HA 115.25 und 46) behandelt ihn als RR Lyrae-Stern mit $P = 0.66065798$ ohne ganz zufriedenstellendes Ergebnis. Hoffmeister (KVBB 27.51) findet $P = 0^d.6741$ und kann damit Teilreihen bis zu 70^d darstellen, aber nicht darüber hinaus die ganze Beobachtungsreihe. Da der Stern im Widerspruch mit dem raschen Lichtwechsel tiefgelb ist, nimmt der Autor an, daß er der RW Aurigae-Klasse nahestehe. Die hier gegebene Lösung, wonach der Veränderliche zu den seltenen Fällen mit Periode zwischen 1 und 2 Tagen gehört, dürfte grundsätzlich richtig sein. Aber auch jetzt noch steht die Farbe im Widerspruch zur Art des Lichtwechsels. Es liegen 2 gleichzeitige Aufnahmen auf panchromatischer Emulsion mit den Schott-Filtern BG7 2 mm und GG14 2 mm vor. Vergleichungen des Veränderlichen mit Sternen des benachbarten Feldes 196 der Spektral-Durchmusterung der Kapteyn-Eichfelder des Südhimmels, II. Teil, von Friedrich Becker (Publ. Potsd. 27.95), insbesondere mit CPD −61° 5790 Sp. A0, ergeben für RT TrA einen Farbenindex von etwa $+0^m.8$ entsprechend etwa dem Spektraltypus G5. Die Epoche der Aufnahmen, 243 4276.311, liegt bei der Phase 0.024, also dicht beim Maximum, so daß der mittlere Farbenindex als noch größer anzunehmen ist. Möglicherweise ist der Stern abnorm verfärbt. Aufnahme eines Spektrums wäre sehr erwünscht.

S 5025 Ara δ Cephei-Stern; $9^m.8$—$11^m.1$
$M = 243\,4267.9 + 20.8090 \cdot E$
$M - m = 5^d$

Max.	E	$B-R$
242 8753.5 ph	−265	0.0
8774.3 ph	−264	0.0
243 4267.8 ph	0	−0.1
4517.7 vis	12	+0.1
4538.5 vis	13	+0.1
4559.0 vis	14	−0.2

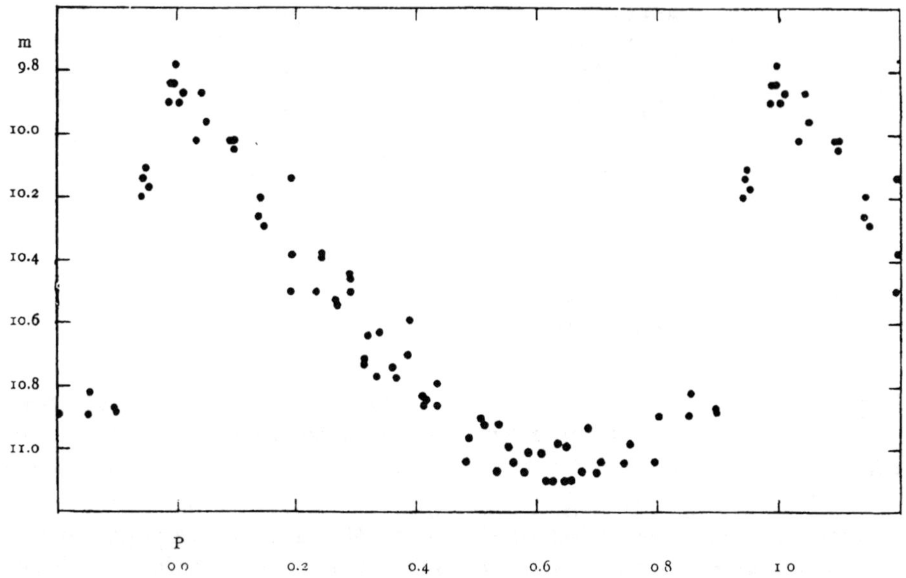

S 5025 Ara

Die Maxima sind scharf markiert, die große Zwischenzeit von 264 P ist wahrscheinlich richtig überbrückt. Der Stern hat bei $10^m.85$ eine Welle im Aufstieg, dessen steilster Teil sich auf etwa 2^d beschränkt. Dieser Befund wird durch die photographischen Beobachtungen bestätigt. Die Farbe ist gelb und entspricht dem Periodenwert. Auf panchromatischen Platten ist der Veränderliche heller als auf Blauplatten; der größte Unterschied von $\sim 0^m.9$ liegt bei der Phase 0.4; im Maximum ist die Differenz $\sim 0^m.5$, beim Beginn des Aufstiegs $\sim 0^m.6$. Die panchromatischen Größen entsprechen nahezu den visuellen.

117.1907 Ara δ Cephei-Stern; $10^m.9$—$11^m.3$
$M = 243\,4237.6 + 11.95 \cdot E$
$M - m = 5^d.6$

Max.	E	$B-R$
243 4236.2 ph	0	−1.4
4298.0 ph	5	+0.6
4479.0 ph	20	+2.4
4489.0 vis	21	+0.4
4512.3 vis	23	−0.1
4537.8 vis	25	+1.4

Max.	E	B–R
243 4548.5 vis	26	+0.2
4559.3 vis	27	−0.9
4570.7 vis	28	−1.5

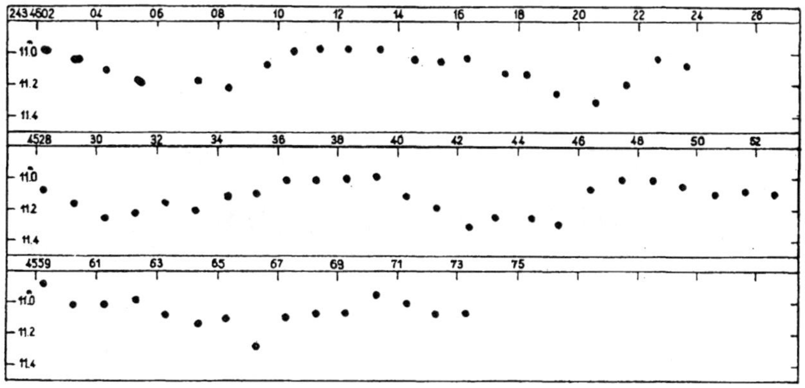

117.1907 Ara Visuelle Einzelbeobachtungen

Visuell beobachtete Minima 243 4494.0, 4507.0, 4520.2, 4531.0, 4542.7, 4566.3. Anstelle einer mittleren Lichtkurve gebe ich in der graphischen Darstellung die Einzelbeobachtungen aus 3 Neumondzeiten. Der Lichtwechsel ist offenbar nicht ganz regelmäßig: bei $E = 25$ liegt das nach der Formel berechnete Maximum wohl eindeutig auf dem aufsteigenden, bei $E = 28$ auf dem absteigenden Ast der Lichtkurve.

Nach der Länge der Periode sollte der Stern etwa das Spektrum G1 haben; jedoch ist er nach gleichzeitigen Aufnahmen mit den Schott-Filtern BG7 2 mm und GG14 2 mm auf panchromatischen Platten merklich blauer als zwei Sterne, die ich durch Vergleichung mit CPD −62°5469, Spektrum A8, für F-Sterne halten muß.
(F. Becker, Spektral-Durchmusterung der Kapteyn-Eichfelder des Südhimmels, II. Teil, Feld 196 Nr. 343; Potsdam Publ. 27.98.)

S 5051 CrA Algol-Stern; $10^m\!.7$—$11^m\!.3$
$m = 243\,4338.32 + 4.8370 \cdot E$
$D = 0^d\!.5$: $d = 0^d\!.0$

Min.	E	B–R
243 4338.40: vis.	0	+0.08
4478.50: vis.	29	−0.09
4483.43 vis.*	30	0.00
4483.48 ph.	30	+0.05
4507.61 ph.	35	0.00
4512.46 vis.*	36	+0.01
4512.57 ph.	36	+0.12
4541.45 ph.	42	−0.02
4541.47 vis.*	42	0.00
4570.43 ph.	48	−0.07
4570.46 vis.	48	−0.04

Die Periode ist nicht sicher bestimmt wegen Unsicherheit des ersten Minimums. Die besten Minima sind mit * bezeichnet. Auf den Platten von 1937—38 wurden folgende Schwächungen festgestellt, die den Periodenwert bestätigen:

Platte WE	67	242 8669.51	um etwa $0^m_.3$ geschwächt
„	119	8688.46	gering geschwächt
„	159	8693.49	sicheres Minimum
„	293	8722.33	gering geschwächt.

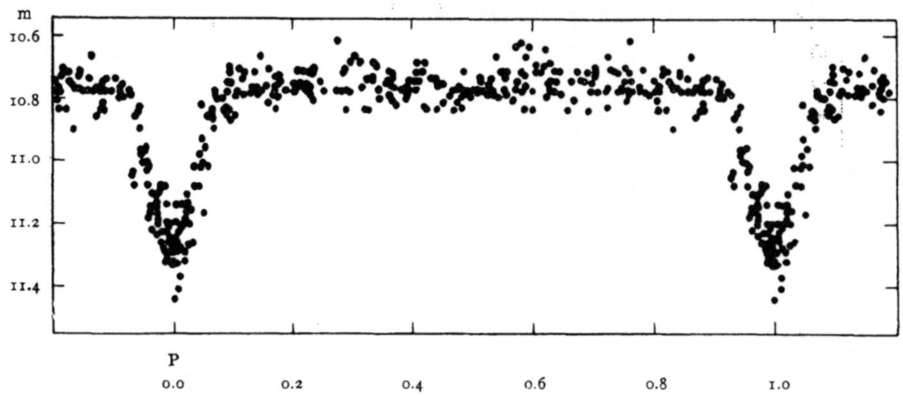

S 3304 = 44.1942 = BI Pav

S 3304 = 44.1942 = BI Pav Algol-Stern; $10^m_.7$—$11^m_.3$

$m = 243\ 4268.442 + 2.52694 \cdot E$

Nebenminimum, wenn reell, $\sim 0^m_.05$ $D = 0^d_.44$ $d = 0^d_.00$

Min.	*E*	*B–R*
243 4268.450	0	+0.008
4273.495	2	—0.001
4278.525	4	—0.025
4296.240	11	+0.002
4301.305	13	+0.013
4422.605	61	+0.020
4503.450	93	+0.003
4508.510	95	+0.009
4513.555	97	0.000
4518.600	99	—0.009
4523.635	101	—0.028
4536.305	106	+0.007
4546.420	110	+0.015
4566.635	118	+0.014
4571.655	120	—0.020

S 5053 CrA RR Lyrae-Stern; $10^m_.4$—$11^m_.1$

$M = 243\ 4322.225 + 0.589324 \cdot E$

$M - m = 0^d_.095$ Typus RRa

Max	E	$B-R$
243 4322.250	0	+0.025
4323.380	2	−0.024
4326.345	7	−0.005
4329.327	12	+0.030
4336.342	24	−0.027
4352.288	51	+0.007
4482.515	272	−0.006
4505.487	311	−0.018
4519.622	335	−0.027
4537.310	365	−0.018
4538.485	367	−0.022
4542.653	374	+0.021
4560.332	404	+0.020
4563.285	409	+0.026
4565.595	413	−0.021
4567.360	416	−0.024
4570.320	421	−0.010
4572.688	425	0.000
4573.280	426	+0.003

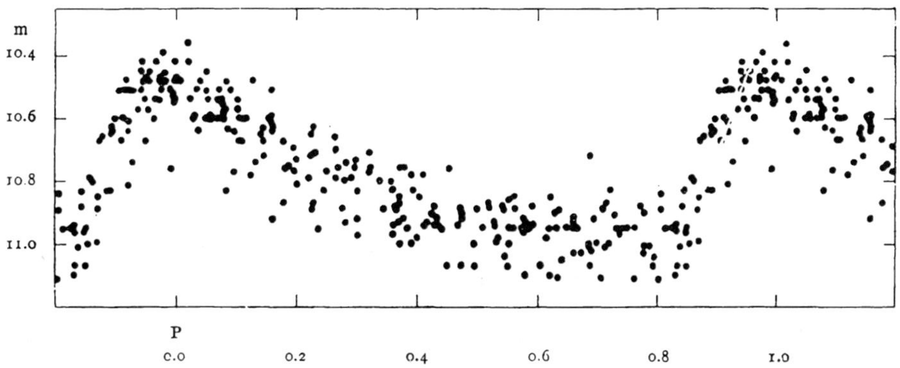

S 5053 CrA

S 5056 Tel β Lyrae-Stern; $11^m_.5$—$12^m_.7$

$m_1 = 243\,4247.460 + 0.446100 \cdot E$

$A_1 = 1^m_.2 \quad A_2 = 0^m_.5$

Min.	E	$B-R$
243 4247.488 ph	0	+0.028
4264.381 ph	38	−0.031
4511.525 ph	592	−0.026
4516.465 vis	603	+0.007
4533.406 vis	641	−0.004
4536.528 vis	648	−0.005
4537.428 vis	650	+0.003
4538.325 vis	652	+0.008

Min.	E	B–R
243 4539.657 vis	655	+0.001
4540.550 vis	657	+0.002
4541.445 vis	659	+0.005
4542.330 vis	661	−0.002
4543.667 vis	664	−0.003
4544.560 vis	666	−0.003
4545.456 vis	668	+0.001
4562.405 vis	706	−0.002
4567.314 vis	717	0.000

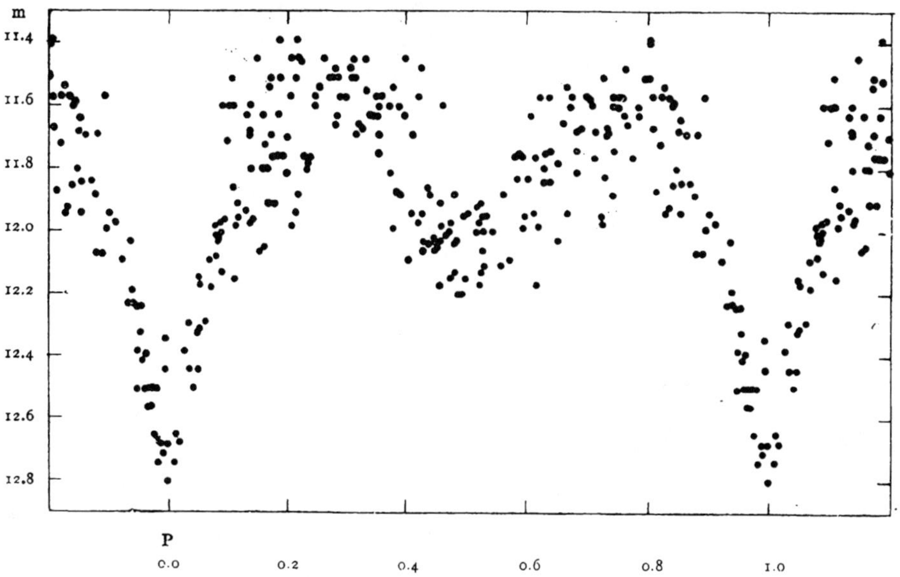

S 5056 Tel

Obgleich der Stern für das 130 mm-Fernrohr etwas schwach ist, kann die ungewöhnlich große Streuung in einem Teil der Lichtkurve kaum durch die Ungenauigkeit der Beobachtungen erklärt werden, zumal gerade im Maximum ein günstiger Vergleichstern zur Verfügung steht. Der große Unterschied der Vergleichsterne *a* und *b*, etwa $1^m.1$, wirkt ungünstig auf die Sicherheit der Beobachtungen. Wenn jedoch z. B. bei der Phase 0.2 die Schätzungen zwischen den Extremwerten *a* 0 *v* und *a* 10 *v* 9 *b* streuen, so müssen reale Unregelmäßigkeiten angenommen werden.

S 5076 Tel RR Lyrae-Stern; $12^m.1$—$13^m.4$
$M = 243\,4236.440 + 0.455364 \cdot E$
$M - m = 0^d.045$ Typus RRa

Max.	E	B–R
243 4236.409 ph	0	−0.031
4242.362 ph	13	+0.002
4246.501 ph	22	+0.043
4272.363 ph	79	+0.051

Max.	E	$B-R$
243 4335.289 ph	217	+0.035
4479.599 ph	534	−0.005
4489.647 ph	556	+0.025
4490.589 ph	558	+0.056
4516.490 ph	615	+0.001
4519.665 vis	622	−0.011
4520.583 vis	624	−0.004
4536.532 vis	659	+0.007
4537.458 vis	661	+0.022
4538.355 vis	663	+0.009
4540.629 vis	668	+0.006
4541.540 vis	670	+0.006
4542.440 vis	672	−0.005
4543.375 vis	674	+0.020
4545.620 vis	679	−0.012
4546.540 vis	681	−0.003
4550.626 vis	690	−0.015
4562.462 vis	716	−0.019
4563.390 vis	718	−0.001
4564.325 vis	720	+0.023
4566.570 vis	725	−0.009
4567.488 vis	727	−0.002
4568.401 vis	729	+0.001
4569.315 vis	731	+0.004
4572.504 vis	738	+0.005
4573.400 vis	740	−0.009

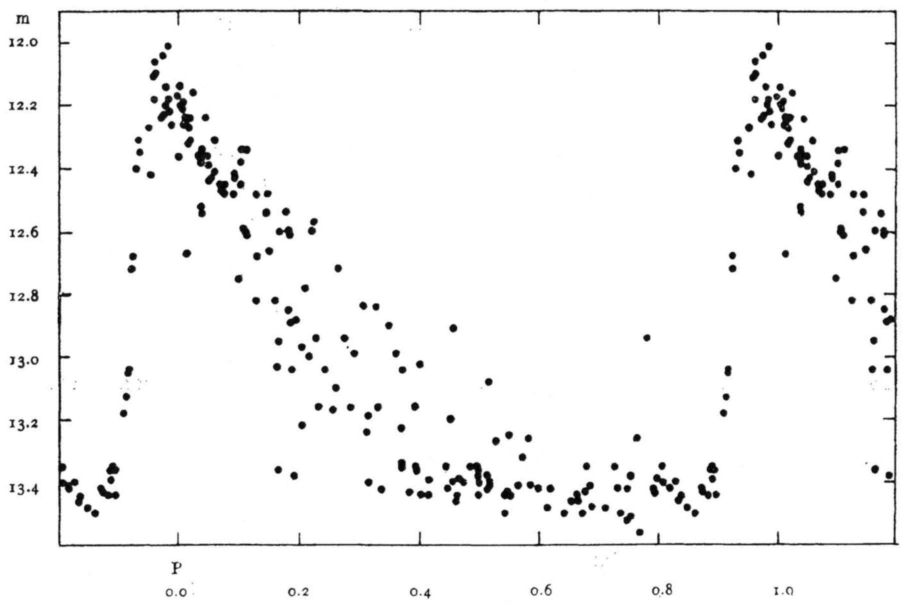

S 5076 Tel

Die Ausgangsepoche bedarf vielleicht einer Korrektur von $-0^{P}.020 = -0^{d}.009$. Trotz der Lichtschwäche des Sterns kann die Streuung im absteigenden Ast reell sein, da sie im kleinsten Licht nicht auftritt.

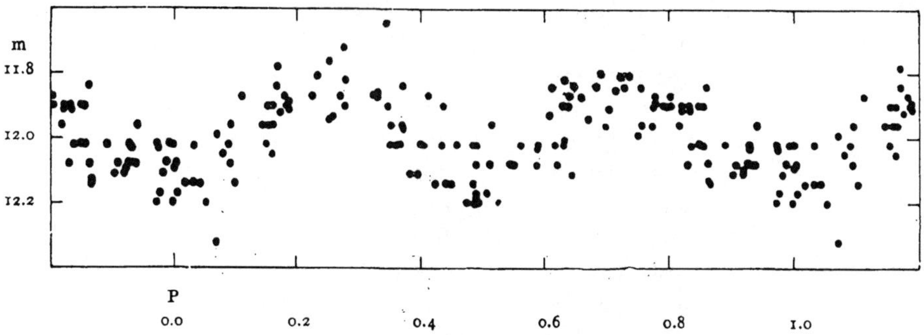

S 5086 Sgr

S 5086 Sgr W Ursae majoris-Art; $11^{m}.8$—$12^{m}.1$

$m_1 = 243\,4482.428 + 0.679456 \cdot E$

$A_1 = A_2 = 0^{m}.3$

Min.	2E	B–R
243 4482.476	0	+0.048
4485.481	9	−0.005
4487.530	15	+0.006
4491.593	27	−0.008
4492.600	30	−0.020
4493.632	33	−0.007
4505.514	68	−0.016
4517.403	103	−0.017
4518.469	106	+0.030
4532.373	147	+0.005
4561.255	232	+0.010
4563.275	238	−0.008
4565.660	245	−0.001
4566.660	248	−0.021
4567.670	251	−0.030
4570.420	259	+0.020
4571.445	262	+0.008
4572.490	265	+0.034

Es sind nur visuelle Beobachtungen benutzt. Die Periode ist noch wenig genau.

S 3311 = 51.1942 = V 796 Sgr RR Lyrae-Stern; $11^{m}.6$—$12^{m}.3$

$M = 243\,4238.388 + 0.625566 \cdot E$

$M - m = 0^{d}.125$ Typus RRb

Max.	E	B–R
243 4238.370 ph	0	−0.018
4243.395 ph	8	+0.002

Max.		E	B–R
243 4295.310	ph	91	−0.005
4490.533	vis	403	+0.042
4493.643	ph	408	+0.024
4505.510	vis	427	+0.005
4517.404	vis	446	+0.014
4532.420	vis	470	+0.016
4540.500	ph	483	−0.036
4545.512	ph	491	−0.029
4559.311	vis	513	+0.008
4562.420	vis	518	−0.011
4564.325	vis	521	+0.017
4569.315	vis	529	+0.003
4572.390	vis	534	−0.050

Alle Epochen sind wenig sicher.

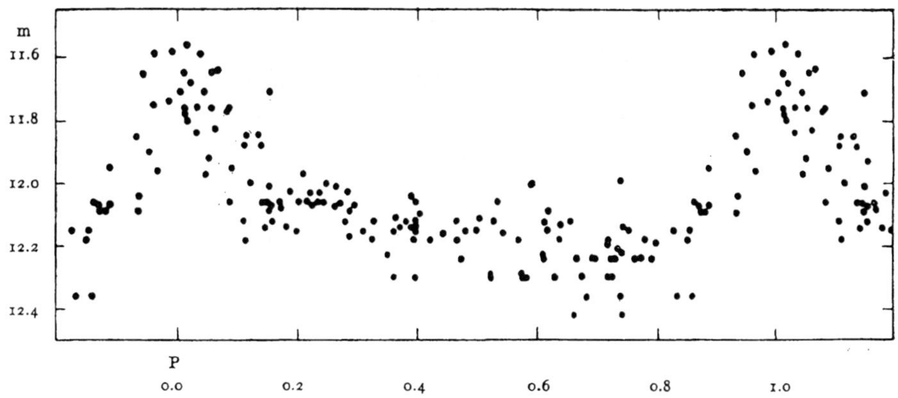

S 3311 = 51.1942 = V 796 Sgr

S 5088 Pav RR Lyrae-Art; $10^m.7$—$11^m.8$

$M = 243\,4236.393 + 0.468445 \cdot E$

$M - m = 0^d.045$ Typus RRa

Max.	E	B–R
243 4236.409	0	+0.016
4243.404	15	−0.016
4297.287	130	−0.004
4303.381	143	0.000
4326.331	192	−0.003
4327.285	194	+0.014
4478.574	517	−0.005
4511.380	587	+0.010
4512.320	589	+0.013
4516.523	598	0.000
4517.461	600	+0.001
4518.400	602	+0.003

Max.	*E*	*B–R*
243 4521.669	609	–0.007
4522.616	611	+0.003
4533.390	634	+0.003
4534.322	636	–0.002
4537.600	643	–0.003
4539.476	647	–0.001
4540.425	649	+0.011
4541.350	651	–0.001
4542.292	653	+0.004
4544.638	658	+0.008
4545.561	660	–0.006
4546.503	662	–0.001
4551.653	673	–0.003
4562.430	696	–0.001
4563.365	698	–0.003
4564.310	700	+0.006
4565.250	702	+0.009
4567.582	707	–0.002
4568.530	709	+0.009
4569.468	711	+0.011
4570.392	713	–0.002
4571.325	715	–0.006
4572.260	717	–0.008

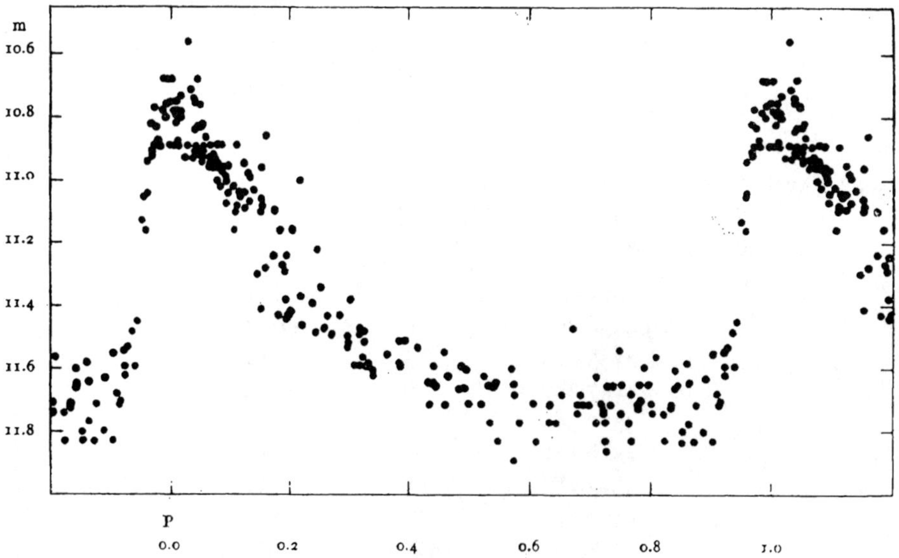

S 5088 Pav

Die ersten 7 Maxima sind photographisch, die folgenden visuell beobachtet. Die Lichtkurve ist frei von größeren Unregelmäßigkeiten.

S 5098 Sgr RR Lyrae-Stern; $11^m.6$—$12^m.4$

$M = 243\ 4235.360 + 0.639280 \cdot E$

$M - m = 0^d.095$ Typus RRa

Max.	E	B–R
243 4235.400 ph	0	+0.040
4269.305 ph	53	+0.063
4304.338 ph	108	−0.064
4322.287 ph	136	−0.015
4479.620 ph	382	+0.055
4481.568 ph	385	+0.085
4507.655 ph	426	−0.038
4518.556 vis	443	−0.005
4518.605 ph	443	+0.044
4534.530 vis	468	−0.013
4536.457 vis	471	−0.004
4538.372 vis	474	−0.007
4539.672 vis	476	+0.015
4541.555 ph	479	−0.020
4543.516 ph	482	+0.023
4545.410 vis	485	−0.001
4548.632 vis	490	+0.025
4566.520 ph	518	+0.013
4568.472 ph	521	+0.047
4573.545 vis	529	+0.006

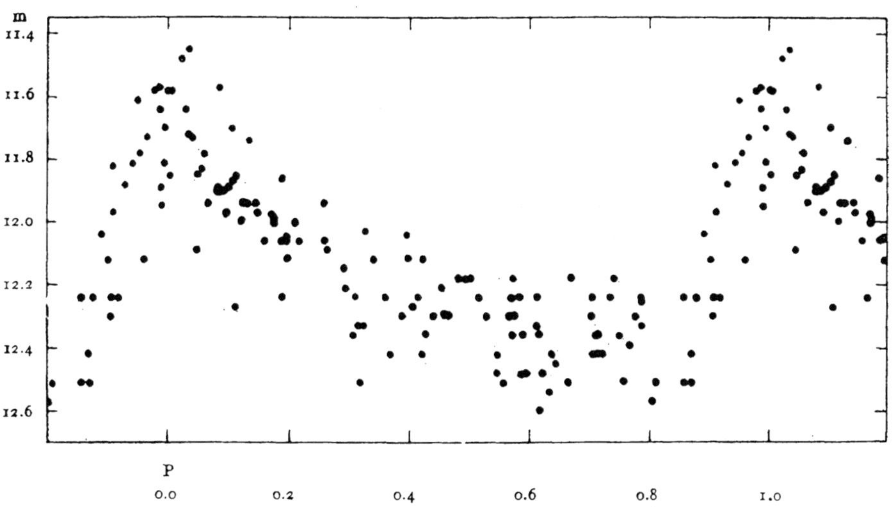

S 5098 Sgr

Die Streuung der Beobachtungen ist abnorm stark und läßt auf Unregelmäßigkeiten schließen.

S 5105 Sgr RR Lyrae-Stern; $11^{m}5$—$12^{m}1$
$M = 243\,4234.365 + 0.552838 \cdot E$
$M - m = 0^{d}15$ Typus RRb

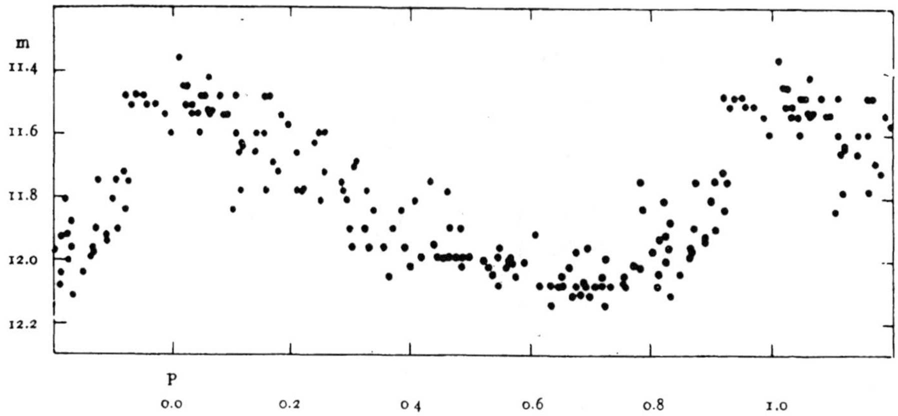

S 5105 Sgr

Max.		E	$B-R$
243 4234.361	ph	0	−0.004
4296.287	ph	112	+0.004
4493.643	ph	469	−0.003
4513.560	ph	505	+0.012
4514.609	ph	507	−0.045
4534.532	vis	543	−0.024
4537.345	vis	548	+0.025
4538.418	vis	550	−0.008
4540.645	ph	554	+0.008
4543.400	vis	559	−0.001
4543.430	ph	559	+0.029
4544.495	vis	561	−0.012
4544.517	ph	561	+0.010
4545.605	vis	563	−0.008
4566.630	vis	601	+0.009
4568.260	vis	604	−0.019
4569.385	vis	606	0.000
4570.515	vis	608	+0.024
4571.606	vis	610	+0.010
4572.690	vis	612	−0.012

Unregelmäßigkeiten im absteigenden Ast sind möglich.

S 5108 Sgr RR Lyrae-Stern; $11^{m}4$—$12^{m}3$
$M = 243\,4324.391 + 0.544443 \cdot E$
$M - m = 0^{d}07$ Typus RRa

Max.	E	$B-R$
243 4324.402	0	+0.011
4335.280	20	0.000

Max.	E	$B-R$
243 4336.360	22	−0.009
4354.335	55	0.000
4532.385	382	+0.017
4533.472	384	+0.015
4534.535	386	−0.011
4538.390	393	+0.033
4541.627	399	+0.003
4545.433	406	−0.002
4547.630	410	+0.017
4548.678	412	−0.024
4565.590	443	+0.011
4570.470	452	−0.009
4572.646	456	−0.011

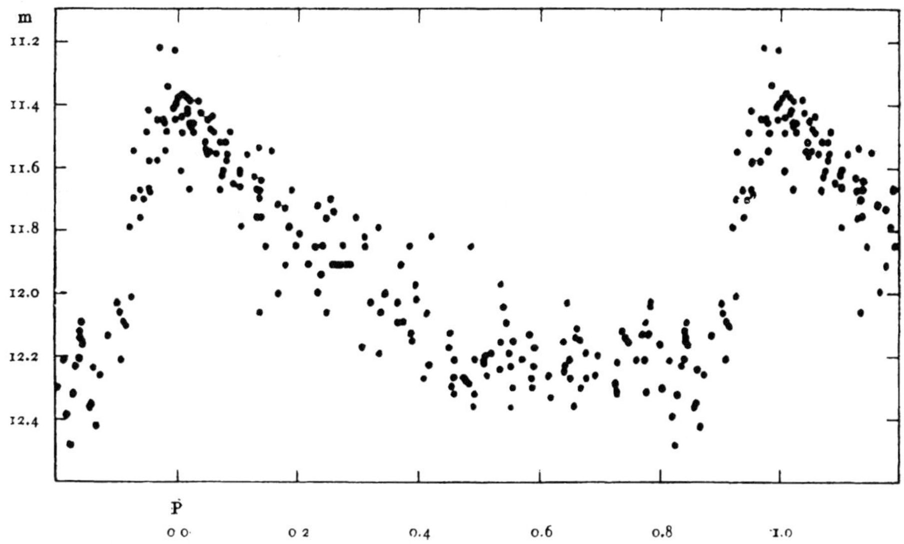

S 5108 Sgr

S 5110 Ind W Ursae majoris-Stern; $11^m.3$—$11^m.7$
$m_1 = 243\,4274.407 + 0.401888 \cdot E$
$A_1 = A_2 = 0^m.35$

Min.		$2E$	$B-R$
243 4274.417	ph	0	+0.010
4302.319	ph	139	−0.019
4478.574	ph	1016	+0.008
4488.628	ph	1066	+0.015
4490.634	ph	1076	+0.011
4505.505	vis	1150	+0.012
4507.494	vis	1160	−0.008
4542.467	ph	1334	+0.001

Min.	E	B–R
243 4547.471 vis	1359	–0.019
4550.567 ph	1374	+0.063
4561.350 vis	1428	–0.005
4562.363 vis	1433	+0.003
4563.390 vis	1438	+0.026
4567.373 vis	1458	–0.010
4568.392 vis	1463	+0.004
4568.598 vis	1464	+0.009
4569.390 vis	1468	–0.003
4569.594 vis	1469	0.000
4570.387 vis	1473	–0.011
4570.602 vis	1474	+0.004
4571.393 vis	1478	–0.009
4571.598 vis	1479	–0.005
4573.400 vis	1488	–0.012
4573.606 vis	1489	–0.007

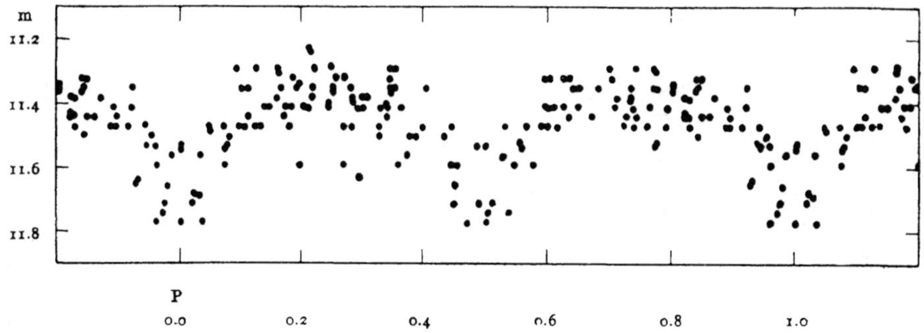

S 5110 Ind

Die photographischen und die ersten 6 visuellen Minima beruhen auf nur je 1 Beobachtung. Die Streuung ist durchweg größer als die günstige Helligkeit des Sterns erwarten läßt.

S 5118 Mic Algol-Stern; $11^{m}0$—$11^{m}8$

$m = 243\,4362.42 + 3.983051 \cdot E$

$D = 0^{d}6$: $d = 0^{d}0$

Min.	E	B–R
242 7989.54 ph	–1600	0.00
8045.34 ph	–1586	+0.04
8662.61 ph	–1431	–0.06
8674.61 ph	–1428	–0.01
8690.53 ph	–1424	–0.03
8698.53 ph	–1422	+0.01
8718.45 ph	–1417	+0.01
8722.42 ph	–1416	0.00
8750.38 ph	–1409	+0.08

Min.		E	$B-R$
243 4362.30	ph	0	−0.12
4537.66	vis	44	−0.01
4541.60	ph	45	−0.06
4545.64	vis	46	0.00
4549.62	vis	47	0.00
4549.62	ph	47	0.00
4565.56	vis	51	0.00
4569.50	ph	52	−0.04
4569.54	vis	52	0.00
4573.53	vis	53	+0.01

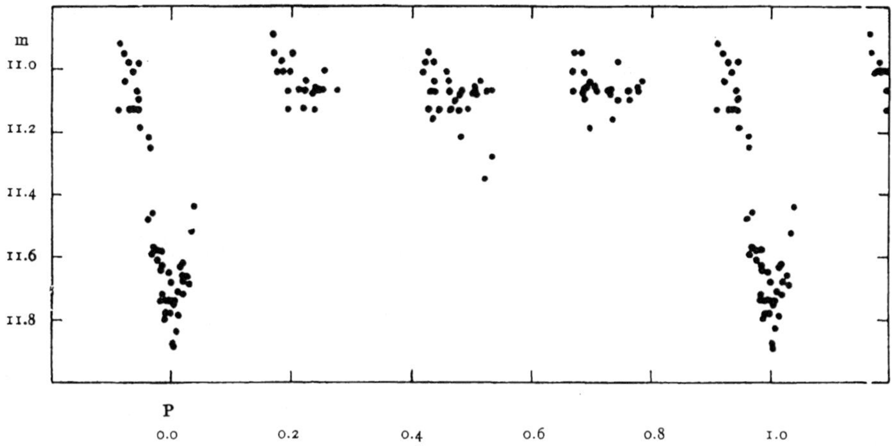

S 5118 Mic

Das Nebenminimum ist auch in den photographischen Beobachtungen angedeutet.

S 5119 Ind β Lyrae-Stern; $9^{m}.3-9^{m}.7$
$m_1 = 243\,4267.489 + 0.986323 \cdot E$
$A_1 = 0^{m}.4 \qquad A_2 = 0^{m}.2$:

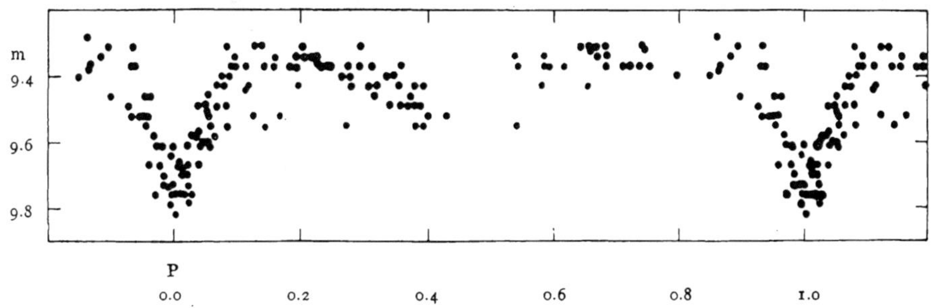

S 5119 Ind

Min.		$2E$	$B-R$
243 4240.357	ph	−55	−0.008
4267.495	ph	0	+0.006

Min	E	B–R
243 4270.466 ph	6	+0.018
4278.334 ph	22	–0.004
4478.574 ph	428	+0.012
4509.611 ph	491	–0.020
4533.310 vis	539	+0.007
4541.682 vis	556	–0.005
4542.677 vis	558	+0.004
4543.670 vis	560	+0.011
4544.649 ph	562	+0.003
4544.650 vis	562	+0.004
4545.644 vis	564	+0.012
4547.602 vis	568	–0.003
4548.589 vis	570	–0.002
4549.578 vis	572	+0.001
4550.567 ph	574	+0.003
4563.395 ph	600	+0.009
4566.350 ph	606	+0.005
4569.307 vis	612	+0.003
4570.280 vis	614	–0.010
4571.265 vis	616	–0.011
4572.262 vis	618	–0.001
4573.245 vis	620	–0.004

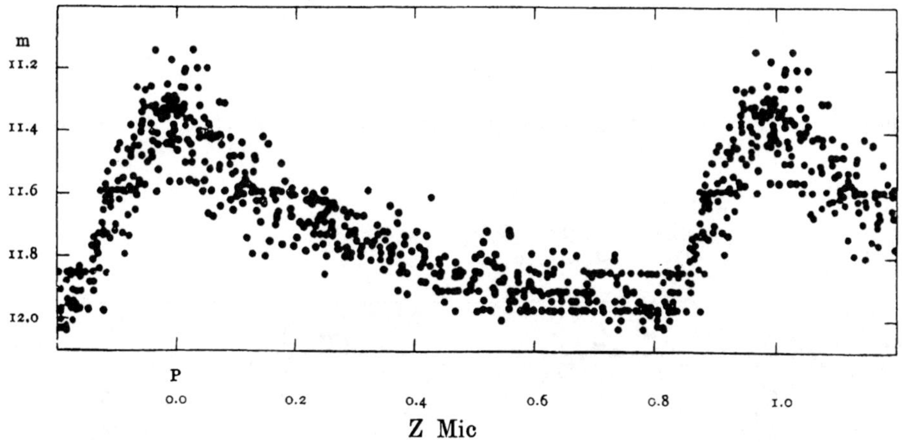

Z Mic

Z Mic RR Lyrae-Stern; $11^m_.2$—$11^m_.9$
$M = 243\,4238.389 + 0.586934 \cdot E$
$M - m = 0^d_.085$ Typus RRa

Max.	E	B–R	Gr. Max.
243 4238.378	0	–0.011	$11^m_.30$
4239.557:	2	–0.006	11.34
4242.510	7	+0.012	11.44
4243.662:	9	–0.009	—

Max.	E	$B-R$	Gr. Max.
243 4245.424	12	−0.008	11.46
4246.607	14	+0.001	11.34
4248.344	17	−0.023	11.33
4252.482:	24	+0.007	11.42
4253.641	26	−0.008	11.26
4265.370	46	−0.018	11.31
4268.336	51	+0.013	11.26
4269.500	53	+0.003	11.35
4271.270:	56	+0.013	11.40:
4272.423:	58	−0.008	11.26
4273.605:	60	0.000	11.32
4275.370	63	+0.004	11.29
4276.541	65	+0.001	11.31
4279.466	70	−0.008	11.34
4302.346:	109	−0.019	11.33
4326.437	150	+0.008	11.20
4336.425	167	+0.018	11.14
4356.363:	201	0.000	11.22
4539.475	513	−0.011	11.14
4566.490:	559	+0.005	11.40

Der Stern zeigt erhebliche Unregelmäßigkeiten im Maximum und der ersten Hälfte des absteigenden Astes, wogegen die Streuung der Kurvenpunkte zwischen den Phasen 0.40 und 0.85 nur wenig größer ist als es der Ungenauigkeit der Beobachtungen entspricht. Die aus den Kurvenzügen der einzelnen Tage entnommenen Maximalgrößen sind oben angegeben. Dazu kommen noch die folgenden von Epochen, die bei der Bestimmung der Periode nicht benutzt wurden:

JD	E	Gr. Max.
243 4244	10	$11^m.34$
4278	68	11.20
4542	518	11.27
4567	561	11.43
4569	564	11.30

Ein periodischer Gang der Maximalgrößen ist nicht nachzuweisen. Die Extremwerte sind $11^m.14$ und $11^m.53$. Im ersten Abschnitt der Beobachtungen ist ein stetiger Verlauf angedeutet, wogegen im zweiten Abschnitt überhaupt nur geringe Abweichungen von dem Mittelwert $11^m.30$ auftreten; später zeigen sich dann wieder große Schwankungen. Daraus ist zu schließen, daß die Kurvenänderungen entweder regellos verlaufen oder wie bei AC And und AI Vel einer sehr kurzen Schwebungsperiode folgen. Das Aussetzen der Schwankungen spricht für die erstere Möglichkeit. Die Vergleichsterne sind günstig.

S 5125 Gru RR Lyrae-Stern; $11^m.7$—$12^m.8$

$M = 243\,4323.325 + 0.266499 \cdot E$

Starke Unregelmäßigkeiten der Lichtkurve

Max.	*E*	*B–R*
243 4323.340	0	+0.015
4326.285	11	+0.029
4335.340	45	+0.023
4336.380	49	−0.003
4337.430	53	−0.019
4357.420	128	−0.017
4360.360	139	−0.008
4516.515	725	−0.022
4519.500	736	+0.032
4538.410	807	+0.020
4539.430	811	−0.026
4540.500	815	−0.022
4549.585	849	+0.002
4550.650	853	+0.001
4569.565	924	−0.005
4573.565	939	−0.003

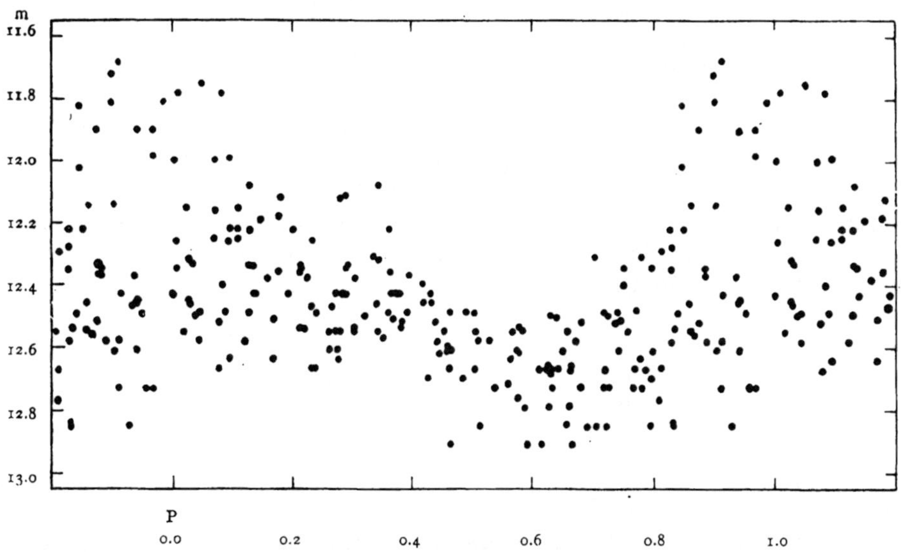

S 5125 Gru

Die graphische Darstellung ergibt Streuung um 1 Größenklasse zur Zeit der Maxima, dagegen erheblich bessere Zusammenfassung der Beobachtungen um das bei Phase 0.6 liegende Minimum. Nach den Einzelreihen liegt die Periode zwischen $0\overset{d}{.}2$ und $0\overset{d}{.}3$. Die guten Vielfachen $1\overset{d}{.}049$ und $2^{d}957$ werden durch $P = 0\overset{d}{.}266$ und $0\overset{d}{.}210$ dargestellt; letzterer Wert konnte jedoch ausgeschlossen werden. Die Einzelkurven zeigen von Tag zu Tag starke Änderungen der Lichtkurve und der Höhe der Maxima; soweit diese zur Bestimmung der Elemente benutzt wurden, variierte ihre Helligkeit zwischen $11\overset{m}{.}7$ und $12\overset{m}{.}25$. Es ist nahezu sicher, daß der Stern vom Typus AC Andromedae und AI Velorum ist.

S 5126 Oct RR Lyrae-Stern; $12^{m}_{.}3$—$13^{m}_{.}0$

$M = 243\,4337.409 + 0.444490 \cdot E$

$M - m = 0^{d}_{.}065$ Typus RRa

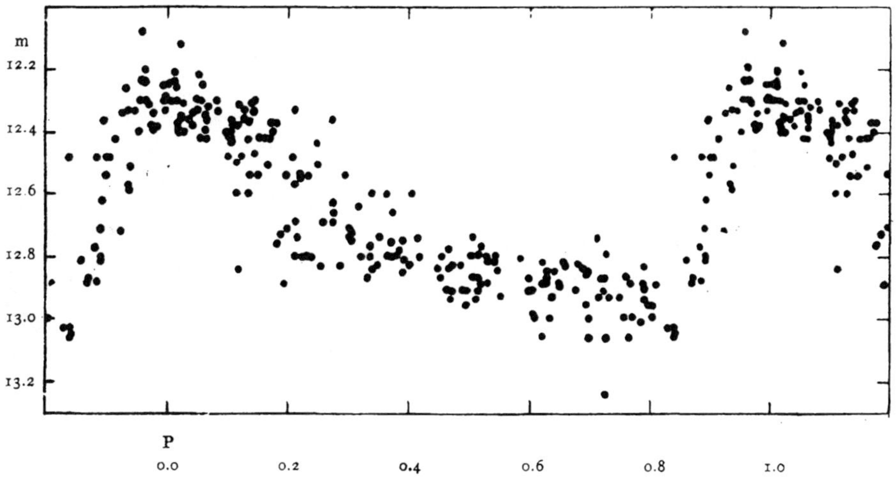

S 5126 Oct

Max.	E	$B-R$
243 4337.415	0	+0.006
4338.305	2	+0.007
4344.545	16	+0.024
4354.300	38	0.000
4357.408	45	−0.003
4361.430	54	+0.019
4364.510	61	−0.013
4366.275	65	−0.026
4368.538	70	+0.015
4372.490	79	−0.034
4400.500	142	−0.027
4401.440	144	+0.024
4403.635	149	−0.003
4404.560	151	+0.033
4421.407	189	−0.011
4422.310	191	+0.003
4523.650	419	0.000
4537.415	450	−0.015
4538.300	452	−0.018
4541.426	459	−0.004
4542.307	461	−0.012
4543.665	464	+0.013
4548.565	475	+0.023
4564.550	511	+0.007
4565.438	513	+0.006
4570.320	524	−0.002

Außer an einer Stelle im absteigenden Licht entspricht die Streuung der Schwäche des Sterns.

S 5127 Gru RR Lyrae-Stern; $12^m\!.0$—$12^m\!.7$
$M = 243\,4385.582 + 0.552532 \cdot E$
$M - m = 0^d\!.10$ Typus RRa

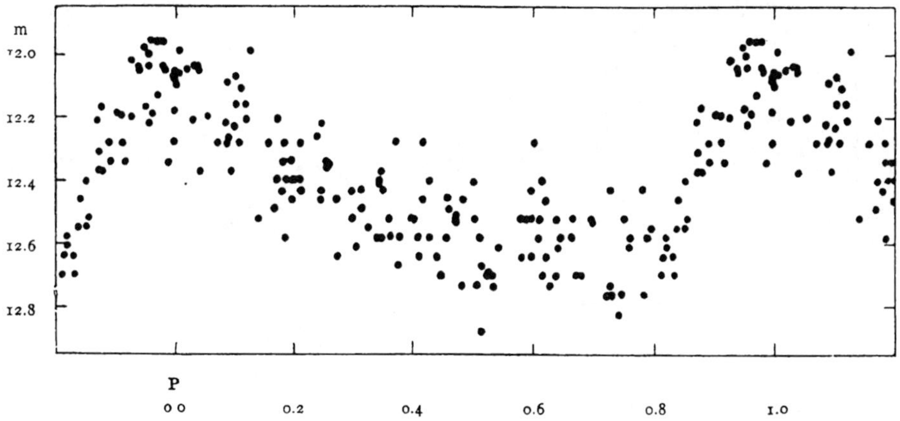

S 5127 Gru

Max.	E	B–R
243 4385.575	0	−0.007
4390.555	9	0.000
4391.670	11	+0.010
4507.663	221	−0.029
4511.565	228	+0.006
4512.650	230	−0.014
4517.620	239	−0.017
4522.592	248	−0.018
4536.465	273	+0.042
4538.640	277	+0.007
4548.555	295	−0.024
4563.510	322	+0.013
4567.386	329	+0.021
4568.429	331	−0.041
4572.385	338	+0.047
4573.445	340	+0.002

Die Streuung ist durch Lichtschwäche vergrößert.

S 5130 Gru RR Lyrae-Stern; $8^m\!.6$—$9^m\!.0$
$M = 243\,4325.294 + 0.1470124 \cdot E$
$M - m = 0^d\!.035$ Typus RRb

Max.	E	B–R
243 4325.291	0	−0.003
4325.442	1	+0.001

Max.	E	$B-R$
243 4326.333	7	+0.010
4326.470	8	0.000
4327.345	14	−0.007
4327.492	15	−0.007
4328.377	21	−0.004
4328.525	22	−0.003
4329.405	28	−0.005
4331.326	41	+0.004
4334.409	62	0.000
4335.290	68	−0.001
4335.432	69	−0.006
4336.468	76	+0.001
4337.357	82	+0.008
4338.370	89	−0.008
4349.392	164	−0.012
4353.369	191	−0.004
4354.408	198	+0.006
4355.287	204	+0.002
4356.307	211	−0.007
4357.345	218	+0.002
4359.405	232	+0.004
4361.315	245	+0.003
4362.339	252	−0.002
4363.371	259	+0.001
4364.399	266	0.000
4366.309	279	−0.001
4387.332	422	−0.001
4395.290	476	+0.018
4482.598	1070	+0.001
4485.552	1090	+0.014
4490.543	1124	+0.007
4491.570	1131	+0.005
4492.586	1138	−0.008
4513.460	1280	−0.010
4516.560	1301	+0.003
4518.472	1314	+0.004
4519.502	1321	+0.005
4519.642	1322	−0.002
4536.388	1436	−0.016
4538.455	1450	−0.007
4539.474	1457	−0.017
4540.530	1464	+0.010
4550.658	1533	−0.006
4568.600	1655	0.000
4569.355	1660	+0.020
4569.486	1661	+0.004
4569.640	1662	+0.011

Max.	E	$B-R$
243 4570.505	1668	−0.006
4570.653	1669	−0.005
4571.392	1674	−0.001
4571.668	1676	−0.019
4572.416	1681	−0.006
4573.306	1687	+0.002
4573.453	1688	+0.002

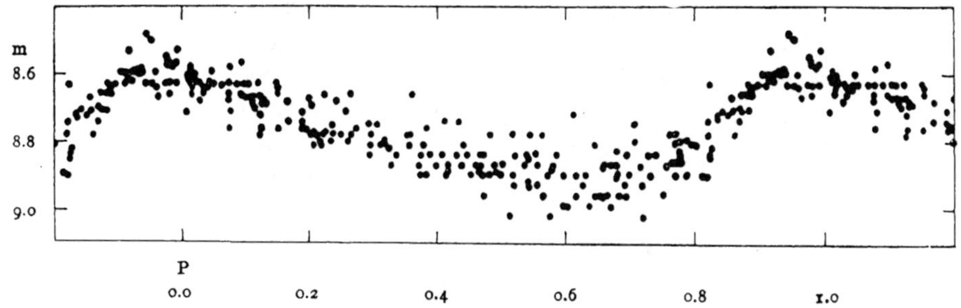

S 5130 Gru I 243 4323 bis 4395

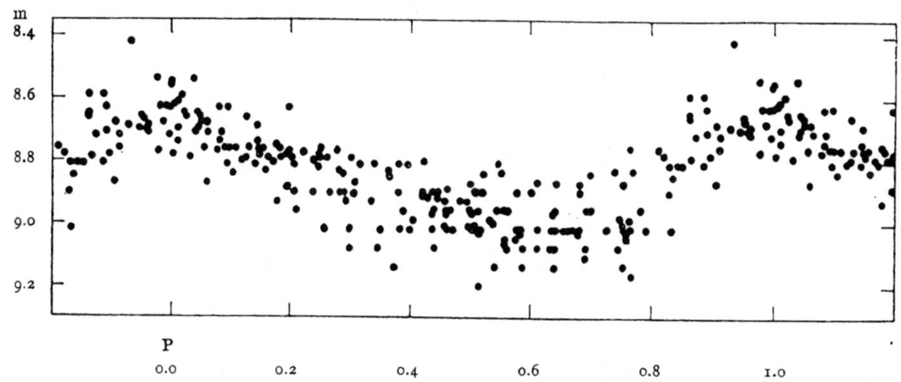

S 5130 Gru II 243 4481 bis 4573

Die Lichtkurve ist für zwei Zeitabschnitte, vor und nach der Sonnenlücke, getrennt gezeichnet. Im zweiten Abschnitt ist die Streuung größer, und das Minimum liegt um $0^m.1$ tiefer als im ersten Abschnitt. Der Stern ist für das Instrument etwas zu hell.

S 5133 Gru RR Lyrae-Stern; $11^m.5$—$12^m.9$

$M = 243\,4324.312 + 0.512208 \cdot E$

Lichtkurve veränderlich, $M - m = 0^d.115$ (steile Form), $0^d.130$ (flache Form)

Typus RRa – RRb

Max.	E	$B-R$
243 4324.315	0	+0.003
4325.340	2	+0.004
4326.356	4	−0.005

Max.	*E*	*B–R*
243 4327.387	6	+0.002
4328.405	8	−0.005
4329.428	10	−0.006
4485.642	315	−0.016
4507.670	358	−0.012
4547.648	436	+0.013
4548.668	438	+0.009
4549.690	440	+0.006
4563.493	467	−0.020

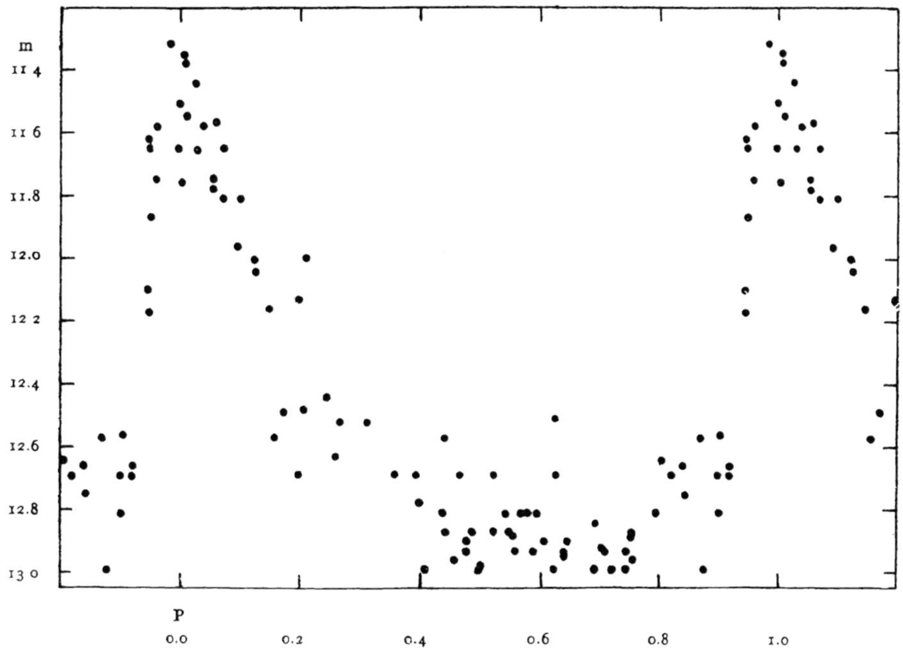

S 5133 Gru Steile Form 243 4323 bis 4362

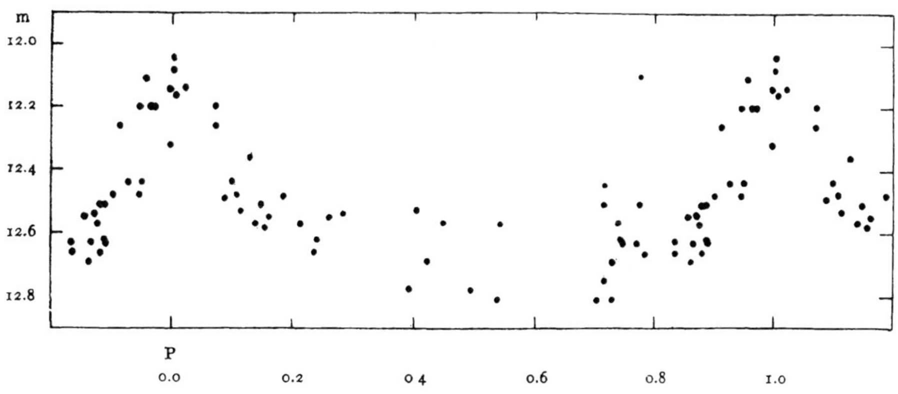

S 5133 Gru Flache Form 243 4521 bis 4566

Max.	E	$B-R$
243 4564.538	469	0.000
4567.625	475	+0.014
4569.668	479	+0.008

Der Stern zeigt in den beiden durch die Sonnenlücke getrennten Beobachtungszeiten sehr verschiedenes Verhalten: im ersten Abschnitt sehr steile Aufstiege bei großer Amplitude $11^m.5$—$12^m.9$, im zweiten Abschnitt eine dem Untertypus RRb nahestehende Kurvenform bei stark verminderter Amplitude $12^m.1$—$12^m.7$. Bemerkenswert scheint, daß hier auch die Minima von der Änderung betroffen sind. Wenn der Wechsel der Kurvenform periodisch ist, muß die Periode lang sein.

S 3322 = 62.1942 = **RW PsA** W Ursae majoris-Art; $11^m.3$—$11^m.8$

$m_1 = 243\,4328.452 + 0.360453 \cdot E$

$A_1 = 0^m.5 \quad A_2 = 0^m.45$

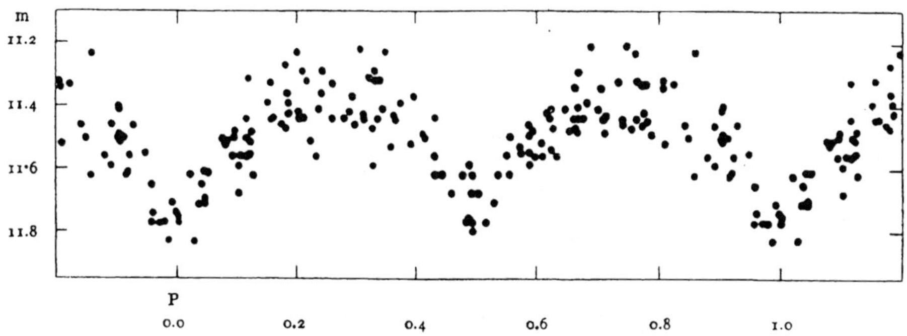

S 3322 = 62.1942 = RW PsA

Min.	$2E$	$B-R$
243 4328.457	0	+0.005
4331.328	16	−0.008
4335.301	38	0.000
4353.340	138	+0.017
4357.285	160	−0.003
4388.275	332	−0.012
4492.649	911	+0.011
4509.578	1005	−0.002
4519.660	1061	−0.012
4521.655	1072	0.000
4541.470	1182	−0.010
4542.583	1188	+0.022
4545.435	1204	−0.010
4549.592	1227	+0.002
4552.670	1244	+0.016
4562.381	1298	−0.005
4564.370	1309	+0.002
4566.362	1320	+0.011

Min.	$2E$	$B-R$
243 4569.420	1337	+0.005
4570.662	1344	−0.014
4573.375	1359	−0.005

Die Minima zeigen normale, die Maxima übernormale Streuung.

S 5140 Gru Algol-Stern; $11^m\!.3$—$11^m\!.7$
$m = 243\,4546.648 + 1.89664 \cdot E$
Nebenminimum?

Min.	E	$B-R$
243 4546.630	0	−0.018
4548.549	1	+0.004
4565.611	10	−0.003
4567.520	11	+0.009

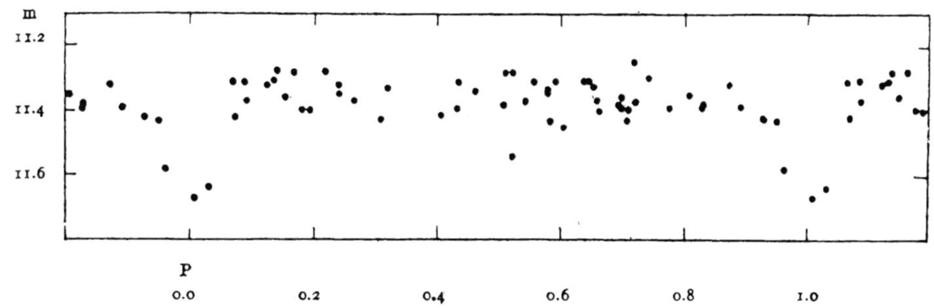

S 5140 Gru

Die Anzahl der visuellen Beobachtungen ist gering; zurückliegende photographische Epochen 243 4275 und 4489 erfassen nicht das kleinste Licht und können daher nur zur Bestätigung der Elemente, nicht aber zur Verbesserung des Periodenwertes dienen. Photographische Beobachtungen der Minima 4548 und 4565 lassen eine größere Amplitude von etwa $0^m\!.8$ möglich erscheinen (panchrom. Emulsion).

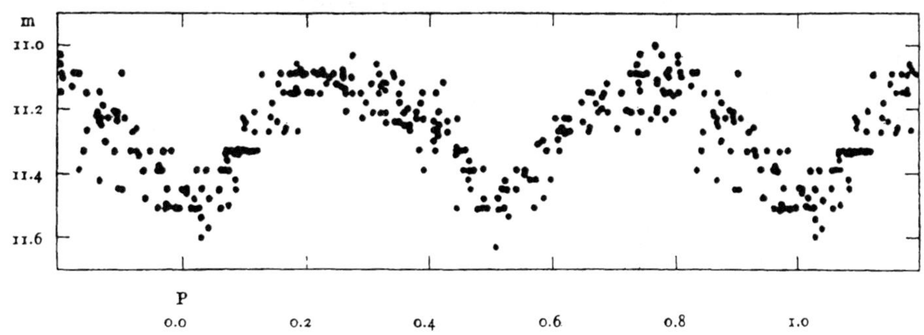

S 5146 Gru

S 5146 Gru W Ursae majoris-Stern; $11^m\!.1$—$11^m\!.5$
$m_1 = 243\,4356.434 + 0.2595186 \cdot E$
$A_1 = A_2 = 0^m\!.4$

Min.	2E	B–R
243 4356.431	0	–0.003
4357.342	7	0.000
4357.470	8	–0.002
4359.427	23	+0.009
4360.332	30	+0.005
4361.362	38	–0.003
4362.275	45	+0.002
4362.397	46	–0.006
4363.308	53	–0.003
4363.448	54	+0.007
4364.348	61	–0.001
4364.460	62	–0.019
4365.388	69	+0.001
4366.304	76	+0.008
4387.316	238	–0.001
4388.372	246	+0.017
4491.647	1042	+0.004
4509.545	1180	–0.005
4516.570	1234	+0.013
4522.659	1281	+0.003
4538.612	1404	–0.004
4541.463	1426	–0.008
4541.598	1427	–0.003
4542.642	1435	+0.003
4552.628	1512	–0.002
4564.437	1603	–0.001
4565.473	1611	–0.003
4565.605	1612	–0.001
4567.426	1626	+0.003
4573.658	1674	+0.007

Die Lichtkurve ist im wesentlichen frei von Unregelmäßigkeiten.

S 5148 Gru RR Lyrae-Stern; $11^m.6$—$12^m.6$

$M = 243\,4360.388 + 0.550273 \cdot E$

Lichtkurve veränderlich, $M-m = 0^d.095$: (steile Form), $0^d.065$ (flache Form)

Typus RRb

Max.	E	B–R
243 4360.380	0	–0.008
4361.462	2	–0.027
4364.280	7	+0.040
4365.355	9	+0.015
4366.445	11	+0.004
4387.337	49	–0.014
4516.665	284	–0.001
4521.607	293	–0.011
4536.475	320	0.000

Max.	E	B–R
4538.668	324	−0.008
4541.448	329	+0.020
4548.587	342	+0.006
4564.525	371	−0.014
4565.635	373	−0.005
4571.695	384	+0.002

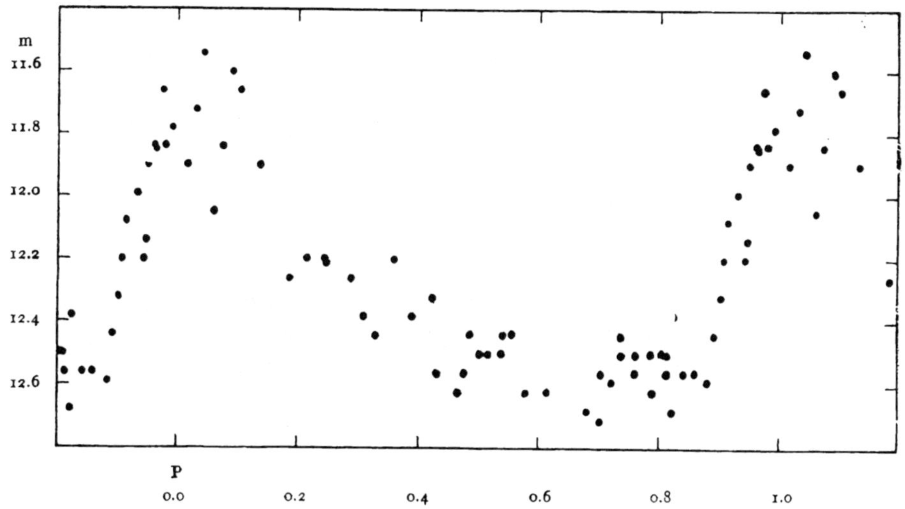

S 5148 Gru Steile Form

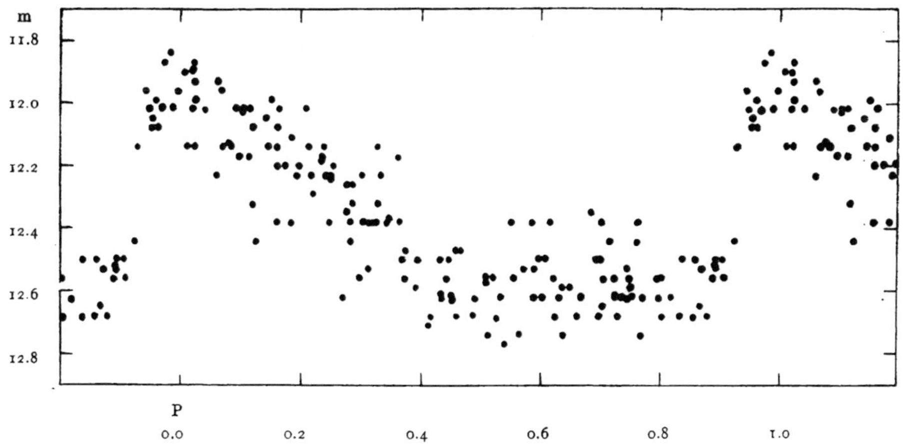

S 5148 Gru Flache Form

Die steile Form der Lichtkurve ist beobachtet von 243 4356 bis 4395, anscheinend gegen Ende flacher werdend, jedoch bei ungenügender Anzahl von Beobachtungen, die flache Form mit der Amplitude $12^{m}_{.}0$—$12^{m}_{.}6$ von 243 4482 bis 4573. Die Änderungen verlaufen demnach langsam; über etwaige Periodizität ist nichts ermittelt.

S 5154 Gru β Lyrae-Stern; $10^{m}.5$—$10^{m}.8$

$m_1 = 243\,4357.410 + 0.743128 \cdot E$

$A_1 = 0^{m}.3 \quad A_2 = 0^{m}.2$

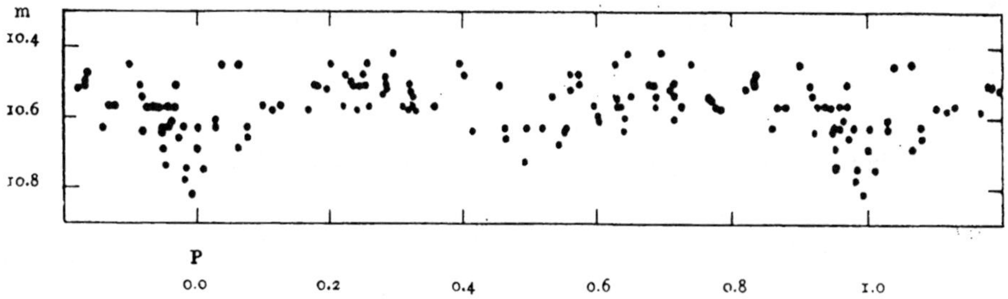

S 5154 Gru

Min.	2 *E*	*B–R*
243 4242.549 ph	–309	–0.048
4357.410 vis	0	0.000
4524.663 vis	450	+0.049
4565.490 vis	560	+0.004
4566.605 vis	563	+0.004
4567.690 vis	566	–0.025
4570.675 vis	574	–0.013
4571.430 vis	576	–0.001
4573.660 vis	582	0.000

S 5158 Gru Algol-Stern; $11^{m}.7$—$12^{m}.3$

$m = 243\,4275.281 + 2.01063 \cdot E$

$D = 0^{d}.135 = 0^{d}.27$

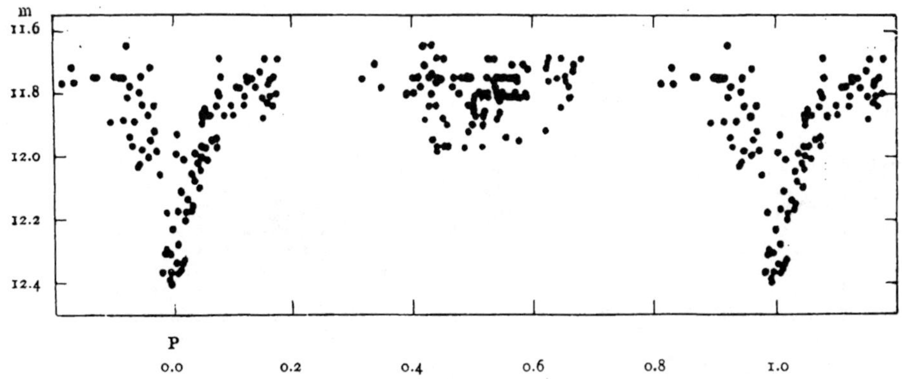

S 5158 Gru

Min.	*E*	*B–R*
243 4275.280	0	–0.001
4279.310	2	+0.008
4295.380	10	–0.007
4297.388	11	–0.010

Min.	E	B–R
243 4303.430	14	0.000
4305.445	15	+0.005
4307.455	16	+0.004

Insgesamt wurden 11 Minima verschiedener Tiefe beobachtet; nur die 7 besten wurden zur Bestimmung der Periode benutzt. Wegen der kurzen Zwischenzeit von nur 32^d kann diese keine große Genauigkeit besitzen. Nach Ausweis der Lichtkurve besteht kein Zweifel, daß die Periode grundsätzlich richtig ist, jedoch ist die Streuung der Beobachtungen auch im Normallicht ungewöhnlich groß. Nach der Sonnenlücke ist im Jahre 1953 kein Minimum beobachtet. Die 52 Helligkeitswerte dieses Abschnitts, der von 243 4513 bis 4571 reicht, überdecken die Phasen 0.86 bis 0.06 und 0.30 bis 0.57 und streuen regellos und gleichmäßig zwischen 11^m69 und 12^m03. Die nach der Formel zu erwartenden Minima sind nicht eingetreten. Eine Verlegung der Minima in die Phasenlücken würde im ersten Teil der Beobachtungsreihe schwer tragbare Abweichungen ergeben. Der Lichtwechsel ist offenbar durch überlagerte Unregelmäßigkeiten entstellt.

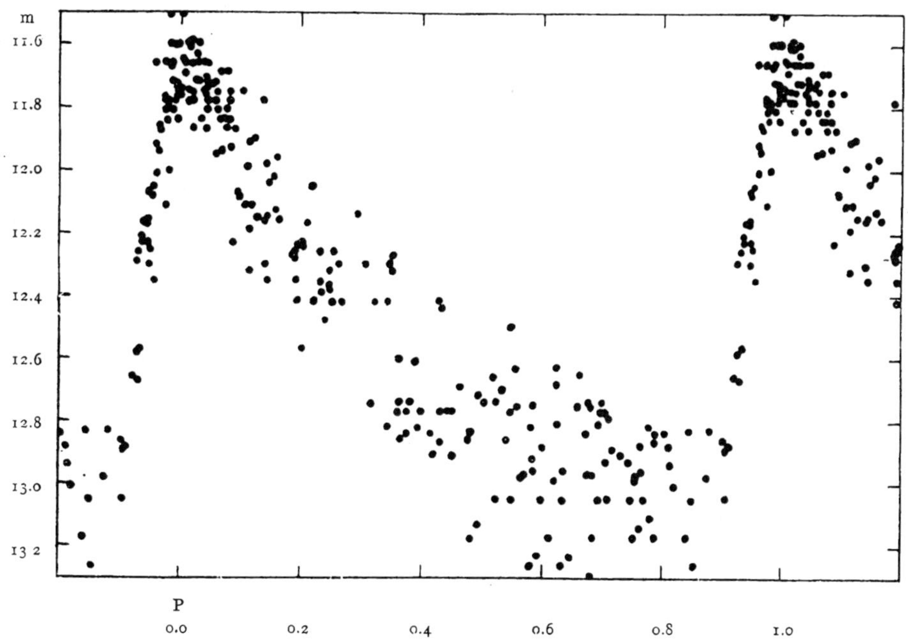

S 5159 Scl

S 5159 Scl RR Lyrae-Stern; 11^m5—13^m1

$M = 243\,4268.588 + 0.4491051 \cdot E$

$M - m = 0^d045$ Typus RRa

Max.	E	B–R
243 4268.585	0	–0.003
4269.480	2	–0.006
4270.380	4	–0.004
4271.285	6	+0.002

Max.	E	$B-R$
243 4272.630	9	0.000
4273.528	11	0.000
4274.425	13	−0.001
4275.324	15	−0.001
4278.472	22	+0.004
4279.366	24	−0.001
4281.615	29	+0.003
4303.618	78	0.000
4304.528	80	+0.012
4312.595	98	−0.005
4354.387	191	+0.020
4541.640	608	−0.004
4547.490	621	+0.008
4550.623	628	−0.003

Die Maxima zeigen verschiedene Höhe zwischen $11^m.5$ und $11^m.8$ und verschiedene Gestalt der Lichtkurve, jedoch ist der Wechsel ohne erkennbare Periodizität. So ist z. B. das Max. E 4 spitz $11^m.7$, E 6 dagegen flach $11^m.7$, das Max. E 13 ausgeprägt flach $11^m.7$, E 15 spitz $11^m.5$.

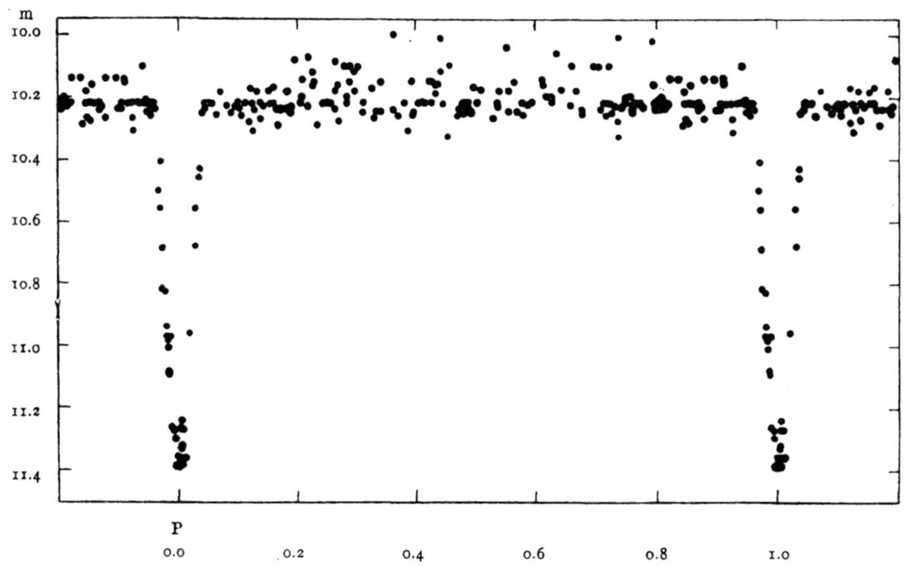

S 5162 Tuc

S 5162 Tuc Algol-Stern; $10^m.2$—$11^m.4$

$m = 243\,4305.650 + 5.46093 \cdot E$

$D = 0^d.41 \quad d = 0^d.0$

Min.	E	$B-R$
243 4305.650:	0	0.000
4311.095::	1	−0.016
4327.500	4	+0.006

Min.	E	$B-R$
243 4338.410	6	−0.006
4349.360:	8	+0.023
4387.570::	15	+0.006
4540.470	43	0.000

Die Streuung im Normallicht ist abnorm groß, im Minimum sehr gering.

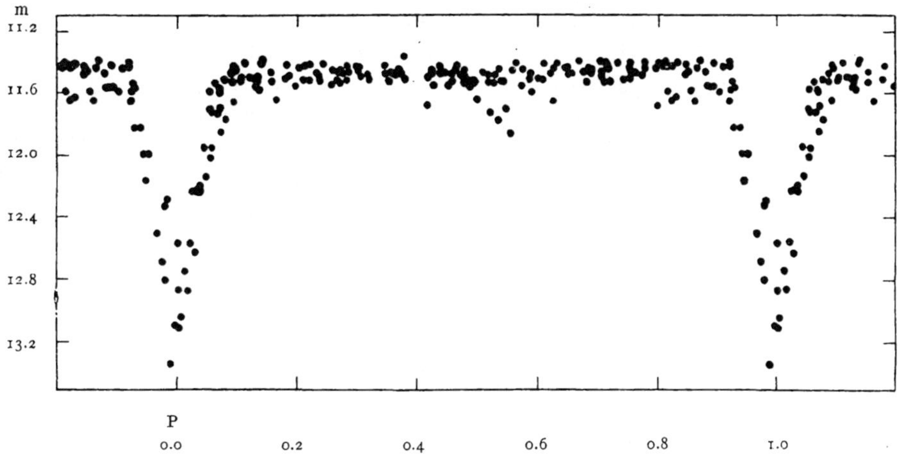

S 5165 Tuc

S 5165 Tuc = **AC Tuc** Algol-Stern; $11^m_.5$—$13^m_.1$
$m = 243\ 4307.380 + 1.265829 \cdot E$
$D = 0^d_.17 \quad d = 0^d_.00$

Min.	E	$B-R$
243 4307.390	0	+0.010
4321.300	11	−0.004
4326.364	15	−0.003
4331.417	19	−0.014
4335.238:	22	+0.010
4336.485	23	−0.009
4364.349	45	+0.007
4388.400:	64	+0.007
4541.563:	185	+0.005
4546.618	189	−0.004
4551.695:	193	+0.010

Die Streuung der Beobachtungen zur Zeit der beiden Konjunktionen ist vielleicht ein Hinweis auf physischen Lichtwechsel. Die herausfallenden Beobachtungen zwischen den Phasen 0.400 und 0.625 gehören 3 verschiedenen Tagen an.

S 5167 Tuc RR Lyrae-Stern; $11^m_.9$—$12^m_.3$

$$\left.\begin{array}{l}\text{Min.} = 243\ 4326.429 \\ \text{Max.} = 243\ 4326.304\end{array}\right\} + 0.2497885 \cdot E$$

$M - m = 0^d_.125$ Typus RRc

Min.	E	B–R
243 4326.425	0	–0.004
4327.417	4	–0.011
4328.408	8	–0.019
4334.422	32	0.000
4336.412	40	–0.009
4337.401	44	–0.019
4338.420	48	+0.001
4352.400	104	–0.007
4353.408	108	+0.002
4354.405	112	0.000
4355.390	116	–0.014
4356.420	120	+0.016
4357.421	124	+0.018
4361.415	140	+0.016
4362.418	144	+0.019
4363.400	148	+0.002
4364.395	152	–0.002
4365.392	156	–0.004
4366.400	160	+0.005
4387.404	244	+0.027
4388.375	248	–0.002
4395.387	276	+0.016
4541.480	861	–0.017
4544.510	873	+0.016
4547.495	885	+0.003

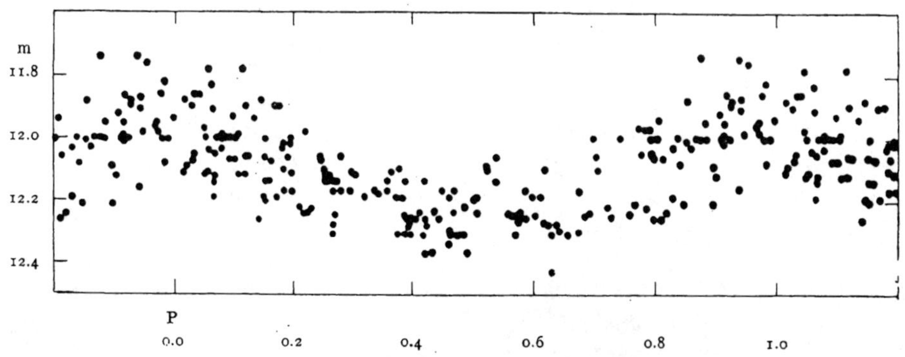

S 5167 Tuc

Der Veränderliche wurde zuerst als Bedeckungsstern behandelt, erwies sich jedoch mit großer Wahrscheinlichkeit als RRc-Stern. Die Streuung der Beobachtungen ist besonders im Maximum abnorm groß und wohl nur zum Teil eine Folge der Lichtschwäche.

In der gleichen Schriftenreihe erschienen bisher:

Band I

Heft 1: C. HOFFMEISTER

Zur Photometrie der Milchstraße
1947 — 42 S. — gr. 8° — DM 6,—

Heft 2: P. AHNERT, C. HOFFMEISTER, E. ROHLFS, A. v. d. VOORDE

Die veränderlichen Sterne der nördlichen Milchstraße, Teil IV
1947 — 156 S. — gr. 8° — DM 10,—

Heft 3: P. AHNERT, C. HOFFMEISTER, E. ROHLFS, A. v. d. VOORDE

Die veränderlichen Sterne der nördlichen Milchstraße, Teil V
1949 — 198 S. — gr. 8° — DM 15,—

Heft 4: H. SCHNELLER

Eine einfache Methode zur Bestimmung der Systemkonstanten bei Bedeckungsveränderlichen
1949 — 52 S. — gr. 8° — DM 7,25

Heft 5: P. AHNERT, C. HOFFMEISTER, E. ROHLFS

Die veränderlichen Sterne der nördlichen Milchstraße, Teil VI
1951 — 92 S. — 54 Abb. — gr. 8° — DM 13,—

Band II

Heft 1: E. AHNERT-ROHLFS

Zur Struktur und Entstehung des Perseidenstroms
1952 — 40 S. — 15 Abb. — 3 Tab. — gr. 8° — DM 4,80

Heft 2: C. HOFFMEISTER, E. AHNERT-ROHLFS, P. AHNERT, H. HUTH, W. GÖTZ

Die veränderlichen Sterne der nördlichen Milchstraße, Teil VII
1954 — 110 S. — 24 Abb. — gr. 8° — DM 11,80

Heft 3: P. AHNERT

Der Lichtwechsel von 46 Mirasternen
1954 — 96 S. — 4 Abb. — 6 Tab. — 18 ganzseitige Taf. — gr. 8° — DM 10,—

Heft 4: C. HOFFMEISTER

Zählungen der Meteore in Südwestafrika 1937—1938
1955 — 32 S. — gr. 8° — DM 3,—

Heft 5: W. GÖTZ, W. WENZEL

Die veränderlichen Sterne der nördlichen Milchstraße, Teil VIII
1956 — 88 S. — 44 Abb. — gr. 8° — DM 12,—

Band III

Heft 1: C. HOFFMEISTER

Bearbeitung des Lichtwechsels von 75 kurzperiodischen veränderlichen Sternen zwischen 25° und 90° südlicher Deklination
Vorliegendes Heft

FSC www.fsc.org
MIX
Papier | Fördert gute Waldnutzung
FSC® C083411

Zeitfracht Medien GmbH
Ferdinand-Jühlke-Straße 7
99095 Erfurt, Deutschland
produktsicherheit@kolibri360.de